寒区电站引水渠道抽水融冰理论与实践

Theory and Practice of Pumping Well Water to Melt Ice for Diversion Channel of Power Station in Cold Regions

宗全利　刘焕芳　刘贞姬　郑铁刚　著

科 学 出 版 社

北　京

内 容 简 介

本书以新疆玛纳斯河流域红山嘴电站引水渠道为研究对象，采用原型试验、概化水槽试验、理论分析与数值模拟相结合的方法，开展了引水渠道抽水融冰机理、水温沿程变化规律、引水渠道不冻长度计算、单井和多井融冰过程模拟、井群优化布置等研究，最终获得了不同水力、热力、气候条件下抽水融冰运行优化参数，可为解决寒区引水式电站冬季运行冰害提供科学依据。

本书可供河冰研究人员、水电站设计、施工和管理人员及高等院校相关专业师生阅读和参考。

图书在版编目(CIP)数据

寒区电站引水渠道抽水融冰理论与实践= Theory and Practice of Pumping Well Water to Melt Ice for Diversion Channel of Power Station in Cold Regions/ 宗全利等著.—北京：科学出版社，2018.1

ISBN 978-7-03-056227-2

Ⅰ. ①寒… Ⅱ. ①宗… Ⅲ. ①寒冷地区－抽水蓄能水电站－融冰化雪－研究 Ⅳ. ①TV743

中国版本图书馆CIP数据核字(2017)第323893号

责任编辑：范运年 / 责任校对：桂伟利
责任印制：张 伟 / 封面设计：铭轩堂

科学出版社 出版
北京东黄城根北街16号
邮政编码: 100717
http://www.sciencep.com
北京九州迅驰传媒文化有限公司 印刷
科学出版社发行 各地新华书店经销
*
2018年1月第 一 版 开本：720×1000 1/16
2018年1月第一次印刷 印张：11
字数：219 000

定价：98.00 元

（如有印装质量问题，我社负责调换）

前　言

我国西北地区冬季严寒，气温低且冰期长，导致大多数引水工程的引水渠道产生不同程度冰灾，不仅影响渠道输水能力，对农业生产和人民生活也会产生一系列影响，所以引水渠道冰害是寒区引水式电站冬季运行必须解决的一个关键问题。目前对水电站引水渠道冰害防治包括渠首蓄冰运行、渠首排冰运行、渠道冰盖运行、渠道排冰运行、抽水融冰等方法。实践证明，应用抽水融冰解决水电站冬季运行冰害是一项经济、安全、可行的技术措施。

然而，抽水融冰机理、引水渠道水温沿程变化规律、引水渠道不冻长度理论计算、单井和多井运行参数变化模拟、井群优化布置等关键科学问题尚停留在经验阶段，缺少理论计算依据。因此，在国家自然科学基金等项目的支持下，本次研究对上述关键问题进行全面、系统地研究，多次到新疆玛纳斯河流域红山嘴电站引水渠道进行实地勘察和原型观测，并开展引水渠道抽水融冰机理、水温沿程变化规律、引水渠道不冻长度计算、单井和多井运行参数变化模拟、井群优化布置等内容，最终获得不同水力、热力、气候条件下抽水融冰运行优化参数，为解决寒区引水式电站冬季运行冰害提供科学依据。本书为研究成果的总结，包括抽水融冰机理、原型观测与概化水槽试验、不冻长度理论分析、单井和多井数值模拟四部分内容，重点阐述抽水融冰的机理和各关键因素产生的影响规律，最终通过数值模拟提出井群优化布置方案。

抽水融冰机理部分在系统介绍玛纳斯河流域气象水文概况、红山嘴电站及其引水渠道冰情、抽水融冰井的基本概况基础上，重点分析了引水渠道冰害形成的过程和凿取地下水注入引水渠以提高渠水水温、融化冰花的抽水融冰机理，即温度较高的井水(9.6～10.6℃)注入温度较低渠水(0.1～0.2℃)，使混合后水温保持在0.5～2.8℃，保证渠道水流不形成冰花。

原型观测和概化水槽试验部分系统研究抽水融冰过程中水温变化、冰花密度和冰水合流速的沿程分布规律，分析了水温、冰花密度及冰水合流速与冰花消融耦合关系，为抽水融冰的进一步应用奠定理论基础。通过对红山嘴电站二级引水渠进行原型观测试验，获得一级、二级引水渠融冰井的出水温度、流量等基本参数；分别在未注井水、单井注水、双井注水和多井注水情况下进行多组不同渠水流量和井水流量的水槽试验，对抽水融冰运行过程的气候、水力和热力条件进行全面观测。

不冻长度理论计算部分探索井水流量、大气温度、风速等水力、热力和气候条件对不冻长度的影响规律，建立不冻长度的统一计算公式；依据红山嘴电站二级引水渠的实测数据，给出该电站不冻长度的计算公式，并与原苏联萨费罗诺夫公式、香加水电站公式、新疆水利水电勘测设计院公式、金沟河公式等计算结果进行了对比分析。

单井和多井运行参数变化模拟部分以新疆玛纳斯河流域红山嘴电站为例，选取最具代表性的5#井，分别模拟了单井运行条件下井水流量、渠道流量、井水温度、渠道水温及流量和温度同时变化等不同边界条件下引水渠道水温变化过程，分析了各因素变化对渠道水温的影响规律；以红山嘴电站二级引水渠道的9#、10#、11#井为例建立三维紊流多井数学模型，分别模拟不同渠道引水流量和大气温度工况下引水渠道的沿程水温变化，分析了融冰井群运行过程中引水渠道沿程水温变化及各井之间的耦合影响作用，给出了不同渠道引水流量和不同大气温度条件下不冻长度计算结果和井群的合理布置优化方案，建立了不同气候、水力、热力条件下抽水融冰井群运行优化参数方案；同时应用抽水融冰数学模型建立三维水温计算模型，以某一典型水温分层型水库为实例，对不同工况下库区水温分布进行模拟研究。

本书得到国家自然科学基金委员会项目“高寒区引水式电站冬季运行抽水融冰机理及运行参数优化研究”(51269028)及“国家人力资源和社会保障部2015年度出国留学人员科技活动择优资助项目”的资助，在此表示感谢。参加本项研究的本校人员主要有：宗全利、刘焕芳、刘贞姬、吴素杰、黄酒林、赵梦蕾，另外中国水利水电科学研究院的郑铁刚高级工程师，新疆兵团勘测设计院(集团)有限责任公司的王子坚高级工程师、张小燕高级工程师也参与了本项研究。在此一并表示感谢。

由于作者水平有限，不足之处在所难免，敬请读者批评指正。

作　者

2017年9月

目　录

第1章　绪　　论

我国高纬度地区河流在冬季经常形成冰盖、冰塞或冰坝，冰情比较严重的地区有：新疆地区、东北地区和黄河流域，其中新疆由于地形复杂、气候特征等不同，形成的河流冰情与其他地区有所不同。中华人民共和国成立以来，为了满足当地经济和社会发展需要，西北的新疆、甘肃、青海三省(区)修建了大量水电工程，其中多数为引水式水电站，这些水电站的引水渠道冬季运行会产生不同程度冰害，这不仅影响渠道输水能力，对农业生产和人民生活等都会产生一系列影响，因此引水渠道冰害是寒区引水式电站冬季运行必须解决的一个关键问题。

1.1　研究背景和意义

我国西北部地区海拔高，位于高寒地带，冬季漫长、气温低，流冰期长。如新疆玛纳斯河流域年平均气温 5.9℃，历年最低气温–39.8℃，每年负气温持续天数平均 130 多天，冬季累积负气温平均为–1454℃，属典型高寒地区。为了满足当地经济和社会发展需要，我国修建了大量水电工程，中华人民共和国成立后至 20 世纪 80 年代，仅西北新疆、甘肃、青海三省(区)就已建成中小型水电站 1400 余座，其中多数为引水式水电站(王瑞庭，1982)。为了获得一定发电水头，引水式电站一般修建几公里至几十公里的引水渠道(高霈生和靳国厚，2003)。在电站冬季运行中，引水渠道中的冰花层层冻结，逐渐加厚，甚至完全堵塞过水断面，形成冰害，使得渠道输水能力大大降低，甚至出现冰水漫堤、渠道损坏等现象，对周围生态环境、渠道安全输水及水电站安全发电等都产生很大影响(吕德生等，2004)。因此，引水渠道冰害是高寒地区引水式电站冬季运行必须解决的一个关键问题。

目前，水电站引水渠道冰害防治的主要方法有：渠首蓄冰运行、渠首排冰运行、渠道冰盖运行、渠道排冰运行及渠水增温运行等(邓朝彬，1986；杨芳，1995；李长军和王铁军，1999；黄惠花，2010)。渠水增温运行是一种比较理想的解决冻害的方法，该方法主要是给渠道来水补充热量，以提高水温，使引水渠道不结冰，保证冬季输水畅通。渠水增温运行既可消融冰花，省去排冰消耗的人力和水量(一般冬季约 30%～50%水量要用来排冰)，又可增加发电水量，同时可控性较强。增温方法主要有引泉水融冰和抽取地下水融冰两种，其中引泉水融冰主要在泉水资源丰富地区才可能应用，我国仅在青海省祁连县牛板筋水电站有所应用，该水电站从 1978 年引泉水入渠后，渠内水温增高 0.8℃，使全长 2.7km 的渠道内冰花消融，冬季运行正常(杨芳，1995)；与引泉水融冰相比，抽取地下水融冰(简称抽水融冰)应用范围则不受此限制，只要当地有可利用地下水资源均可应用。

实践证明，在高寒地区应用抽水融冰解决水电站冬季运行冰害是一项经济安全可行的技术措施。但该技术许多关键问题，如抽水融冰机理、引水渠道水温沿程变化规律、引水渠道不冻长度理论计算、单井和多井运行参数变化模拟、井群优化布置等都是依靠经验，缺少理论计算依据，导致该技术在应用中出现较多问题。如 2011 年冬季，新疆红山嘴电站遭受了本地区 1956 年以来降温幅度最大、持续时间最长的一次强降温天气，虽然将抽水融冰井泵全部投入运行，但一级电站前池及渠系仍然结冰严重，需要人工打冰(图 1.1)。可见该电站抽水融冰设计和计算存在一定问题，抽水融冰应用的一些关键理论及技术问题迫切需要解决。

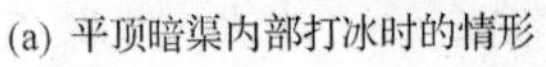
(a) 平顶暗渠内部打冰时的情形

(b) 平顶暗渠口打冰时的情形

图 1.1 2011 年新疆玛纳斯河红山嘴电站引水渠冰害情况
图片来源于 2012 年红山嘴电站厂区宣传栏

随着新一轮西部大开发战略的实施，今后西部地区将成为经济和生态发展的重要地区，因此以新疆玛纳斯河红山嘴电站冬季抽水融冰为研究对象，采用原型观测、水槽试验、理论分析和数值模拟等方法，对抽取地下水对渠道水内冰的融解机理，对引水渠沿程水温及典型断面水温变化规律、冰花密度和冰水合流速沿程变化规律，水力、热力和气候条件与不冻长度之间定量关系式，以及井群优化布置等一系列问题进行研究，为引水式电站冬季运行抽水融冰提供理论依据与技术支持，保障高寒区引水式电站能够全冬季发电，对当地居民生态环境、生活生产等方面均具有重要意义。

1.2 研究现状及存在问题

1.2.1 影响水电站运行的冰类型

冰对水电站各种枢纽及各个构成部分的影响多种多样，并与河流挟带的或水工建筑物范围内结成的冰的种类、数量，气温和其他气象条件，挟冰水流的水力状况，以及各种水工建筑物结构形式等因素有关。

下面列举的各种冰类型均会对水电站产生重要影响(图1.2)。

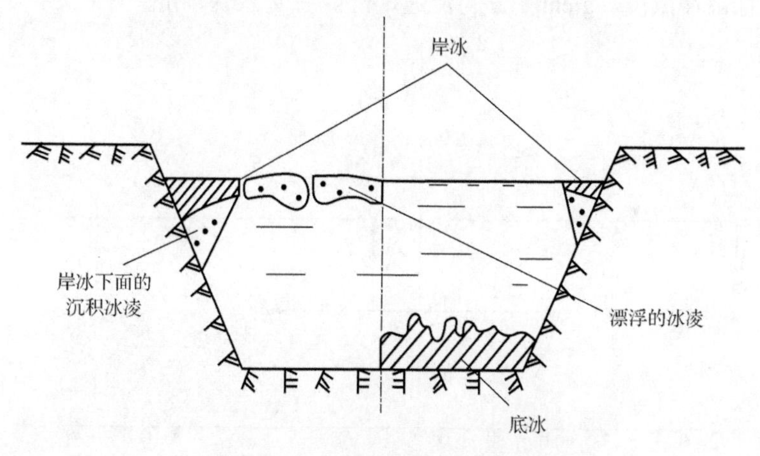

图1.2 引水渠道中形成冰的类型

1) 面冰

面冰主要结于水面，在寒冷空气的影响下，因结晶作用或由于大量冰凌及冰上的积雪覆盖层冻结而成的。冰的密度从 0.92g/cm^3(结晶冰)至0.85g/cm^3(多孔的凌成冰或雪成冰)不等。水电站管理人员所见到的水盖层厚度，在每年冬季里各不相同。在水工建筑物附近观察所得的最大冰层厚度一般为1m，观测的冰层厚度增长的最大速度为每昼夜2cm。解冻天气时，冰盖层的融化速度超过其增长速度4～6倍(杜一民，1959)。

2) 挂结冰

挂结冰是结在水工建筑物和闸门表面的结晶冰，由许多薄层冻结而成。

这种冰的强度很高，同时它的温度和气温相近。由于冷气积蓄在冰层内，挂结冰的融化很缓慢。

3) 冰凌

冰凌是一种疏松的冰团，根据水流速度的不同形成大小不等的零散颗粒，遍布在水流深度处游动或成片地在水面上浮动。冰凌常以不同的形状出现：片状和针状的冰凌是活动性最强的一种冰凌，易于冻结在它所绕流过的物体表面；扁豆状和球状的冰凌多出现在山区河流，易于通过各种水工建筑物而不冻结在建筑物的表面。河流所挟带冰凌数量在个别情况下可能达到河流数量的10%～15%。冰凌颗粒不冻结在一起时的凌团密度为0.6～0.65g/cm^3。随着水流速度增加，冰凌颗粒就逐渐地被带入水流深处。不致发生散裂的片状冰凌的最大流动速度是1.8～2.0m/s，如图1.3所示，图中，S为冰凌浓度，g/cm^3；S_o为表面冰凌浓度，g/cm^3；u为流速，m/s；z为水深，m。

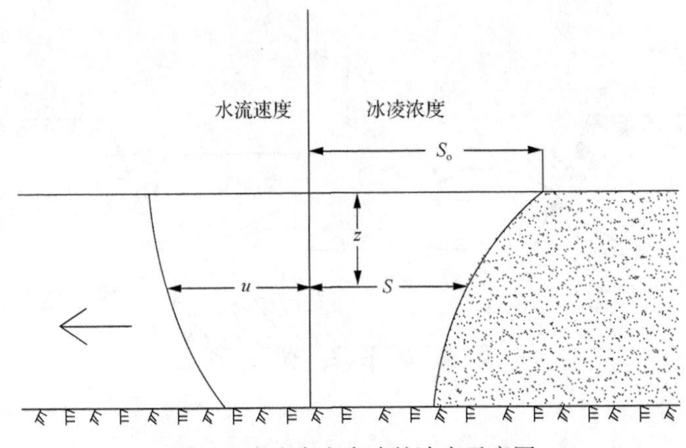

图1.3　水流中水内冰的浓度示意图

4) 底冰

底冰是分布在河底上，在具有适合冻结和聚集等水利条件的区域形成的水内冰。底冰有两种：一种是结晶底冰，是水内冰晶体增大使得水底结冰增多所致；另一种是集结底冰，是冰的零散颗粒在水压力作用下碰到障碍物或相互碰撞到一起冻结而成。

底冰是否沉陷，是由水流的冰冷程度，以及冻结后的底冰所受的浮力与其同河底的黏结力之间的关系来确定。漂浮后的底冰如同冰凌一样游动于水流中。

5) 雪凌

雪凌是水流挟带的雪团，由于降雪或暴风雪的刮送，雪落到河中。雪凌具有不同的形状，视河水的冰冷程度和雪片的温度而定。当水温零度时，雪团是疏松的，碰到途中的物体极易散开；当水和雪的温度低于零度时，雪团就变得密实，且具有较高的冻结性。河流中的雪量各不相同，主要视暴风雪活动猛烈流域的长度(或水电站引水渠道长度)而定。

下面所列举的冰冻作用，也会影响水电站的各种建筑物。

1) 流冰

流冰是面冰于某一时间内在河道或渠道中的稳定流动。对于平原河流，这种现象在春、秋两季表现的特别显著。对于山区河流，河中流冰只是在解冻天气时才发生，这是一种短期的现象。

2) 流凌

流凌是冰凌或雪凌于一定时间内在河道中的稳定流动。一次流凌时间可达5～6昼夜而不停歇。根据高加索许多河流的观测结果，流凌的平均时间为14h(杜一民，1959)。

3) 封冰

封冰是面冰在河道、渠道或水池表面上结成稳固的冰盖层。

4) 冰锥或冰堆

冰锥或冰堆是大批冰块在河道或渠道某一区段上的混乱集积，因而使冰块及冰凌的流动发生障碍。

由于冰流均是以多种多样冰的结合形式流入水电站取水建筑物，受单一种类冰的影响很少见。流冰通常与凌团及雪团的流动相结合，在流凌中可看到混入的冰块；而在流域中具有稳固雪盖层的地方，流凌则常与雪凌的流送结合。

1.2.2 冰对水电站建筑物及设备的影响

1) 水工建筑物前冰块的聚集

河中流下的冰流大量阻截在水电站上游，以致不能通过各种建筑物。在各种专门用途的建筑物(进水口、沉沙池及压力前池)所形成的冰块，或各种枢纽由于结构上的特点所要求的水岸局部扩展所形成的水域中的冰块，都可能发生沉积。

冰块聚集的产生与流速较小的冰盖层的增长有关，同时也与从水电站上游河段或渠段流下来的大批冰块有关。

冰盖层对建筑物的作用主要表现为一种作用力，当气温增高时，与建筑物相接触的冰便会膨胀，这时建筑物(坝、闸门等)就会受这种力的作用。通常小型水电站的坝体并不大，冰压力这一因素不起主要作用，所以设计时通常不予考虑。

在水电站上游形成的冰盖层前端边缘时常拦阻和聚集着大批由河流带来的冰块、冰凌和雪团，并形成大小不同的冰堆和冰坝。这种大量冰的聚集现象对建筑物没有很大影响，且当冰盖层具有足够厚度时，冰堆本身也可能是稳定的。

如果坝前水位涨落不定，冰盖层就会变得不稳固，崩裂开来，冰块移近建筑物，形成了大量的冰块聚集。冰块在水压力作用下逼近建筑物，升到水位以上就从建筑物上边越过，造成危险情况。

在引水式水电站的压力前池中经常会见到大批聚集的冰块，从引水渠道流到电厂枢纽的全部冰块都会集蓄其中。压力前池的主要作用在于调节流入水轮机的水量，使冰凌由输水管排除(当水电站采用这种方法时)，以及把多余的冰块排到水电站建筑物以外。这时拦污栅被凌片和冰层所覆盖，压力前池全部被冰凌、雪团和冰块所充塞，以及河水流入输水管受阻拦等现象都属于压力前池冬季运行中最普遍的难题。冰块聚集在引水渠道建筑物范围内的主要危险是因为引水渠道的容量有限，形成的冰堆便迅速沿水流向上游方向扩展，直至冰块和冰凌充塞渠道和隧道的大部分水流断面，使河水流向下游段受到阻碍。

2) 引水渠道中水流断面的充塞情况

视冰块大小和水流速度的不同，流经水电站的水流能够挟送一定数量的冰块。当水力状况改变，即当流速减小时，或冰块流动遇到障碍时，可能破坏冰块的流动。

在明渠中，流动在水面的冰块、冰凌和雪团挤压保护渠岸的渠壁。当水流表面全部充满大量冰块时，一部分小冰块和冰凌就会冻结到渠道岸壁上，从而给冰块的流动造成附加阻力。

随着水流中冰块充塞程度的增加，冰块和凌团相互发生阻制作用，因而促使水面上形成冻结在一起的巨大冰块。在某些水力和热力条件下冰块会停滞不动。从水道上游流来的冰凌和冰块便阻留在障碍物附近，且逐渐地形成冰堆。

当渠道流量突然降低时，冰堆可能结成另一种稍微不同的形状。在挟冰量相同情况下，水流速度和深度的减小会因冰块与渠壁和渠底所产生的挤压而形成冰块拦滞的有利条件，这是流速值的显著改变和流速场的重新分布的缘故。

渠道断面内各种结构类型的障碍物起着类似冰堆的作用。这些障碍物包括桥台和桥墩、泄凌道和泄雨道的支座及其他类似的建筑物等。渠道断面的缩减是从各种支座周围的冻结及断面宽度和深度上的冰块逐渐聚集开始的。

在闭合型断面的引水隧洞和输水管中，漂起的冰凌会碰擦到壁面，挟凌水流是在特殊条件下流动的，因此这种水流容易引起意外事故。沿隧洞或输水管流动的冰块像在明渠中流动一样，对流速的变化很敏感。如当流速降低20%～25%时，冰凌的稳定流动就可能破坏。这时大批的冰凌漂浮起来，落到靠壁的流速降低的地方，它们同壁面发生强烈的碰擦，互相阻挤；当流速和挟冰量之间有了一定程度的配合时，冰凌就会滞留下来，这时便引起隧洞或输水管中全部的冰块都停止不动。

输水管入口和机组本身是水电站运行的重要部分，这些地方也经常发生冰害。在输水管入口处可能聚集着大批冰块；在机组的引水通道(涡壳及吸出管)中，当通过水输机的流量不大及水流中充满着大量冰凌时，也可能聚集冰块。

如果无压引水隧洞从水面到拱顶有足够的空间，不致妨碍漂浮水面的冰块的流动，那么挟冰水流沿无压隧洞的流动就会像在明渠中流动一样。

3)建筑物表面的冻结情况

闸门表面、拦河坝表面、渠壁、输水管壁、拦污栅和水轮机导水机构等表面发生冻结，是冰害的最普遍形式。防治这种冰害也是极其困难的，因为要对所有建筑物表面进行保暖是不现实的。被冰层覆盖的原因有下列几种：闸门上面溢水或波浪增涨，止水垫漏水，拦河坝受压面潮湿变化，薄层的水量从溢水道溢流及急流槽中波浪激溅等。被河水冲刷的建筑物表面多半由于水流挟带的冰块和冰凌冻结于其上而发生结冰。桥墩、闸孔扶壁、拦污栅的栅条和导水机构的导叶通常就是这样发生冻结的。

当输水管中流速小且气温低时，输水管中就会结冰。在个别情况下，输水管中结成的冰壳厚度可达10～15cm(杜一民，1959)。

4)水轮机工作部分和冷却系统的冻结情况

当过冷的水流影响水电站的水力机械设备时，常造成严重的冰害。水轮机导水机构的导叶和转轮轮叶结冰，会引起水轮机壳体中被冰凌及冰块所充塞。最普通的冰害是水轮机的吸出管结冰及水轮机排出池被冰块充塞。给水系统的管道结冰会引起机组轴承过热，严重破坏水电站的运行。

1.2.3　水电站常用防冰措施

1. 水电站中常用的消除冰害方法

防冰的主要任务是将其排除到水工建筑物范围以外的地方。第一种防冰方法是苏联在 20 世纪 50 年代广泛使用的多种结构的泄凌措施，其中应用最广泛的是高斯顿斯基、瓦维洛夫泄凌道，这种泄凌道在许多水电站中应用。但这些泄凌道的效率都很低(不超过 8%～10%)。

第二种防冰方法是将拦污栅加热，这在一定程度上可以削弱冰的影响，在中型及大型水电站冬季运行中被视为确实可靠的方法。但对小型水电站来说，这种方法在经济上不合算，所以加热法过去只在极少的场合下被采用。

上述这两种防冰方法仍然不够完善。为了清除壅塞的冰块、流送冰块及打碎冰块，过去电站冬季运行时需要耗费大量的劳力。排出冰凌又得耗用大量的河水，仅一次流凌所泄的冰凌量就会达几万立方米之多。

最近几十年里，在水电站冬季运行防冰方面已做了重要改进，水工建筑物运行新方法和防冰新设施的运用大大地减少了水电站运行的意外事故。

下面所列举的水电站冬季运行的一些主要方法被认为是最通行的方法，这些方法常根据不同的冰情互相配合应用。

(1) 在水电站上游集蓄冰块。这种方法在苏联中亚细亚和外高加索地区的水电站应用最广泛。其主要目的是在水电站上游河段和壅水曲线区内拦阻大部分的冰流。河中流来的冰块常滞留于上游所结成的冰盖层边缘。冰堆能把大部分的冰流拦住，因而水电站的运行十分便利。

(2) 由引水渠道排出冰凌和冰块。当水电站的上游延伸很长及冰流很大时，排出冰块常常成为保障水电站正常运行的一项措施。对于引水式水电站来说，冰块难以经下游排除，所以一般由引水建筑物排除冰块。

(3) 引水渠道防寒法。引水渠道防寒法有两种：第一种方法是在水电站前方的河面结成整片连续的冰盖层，避免渠道中形成冰凌，并保证冰凌从冰层下面通过。第二种方法是把别处引来的热水直接供送到拦污栅以减少拦污栅结冰的危险，同时使冰凌便于通过水轮机。有些水电站为了防止渠道水结冰而设置渠道覆盖。

(4) 通过水轮机泄放冰凌。这种运行方法曾经最常用，因为这时排除冰凌所耗用的水量最少。所谓通过水轮机泄放冰凌，就是在水电站建筑物及设备的运行中创造有利的动力和水力条件，使冰凌能顺着全部水道无阻碍地流动和通过水轮机。由于需要考虑挟凌水流在流动中的各种特点，这种方法的应用也会受到一些限制。

2. 我国水电站中常用的消除冰害方法

鉴于新疆地区气温低、冰期长、河流量不大、冰害严重，新疆地区的水利工作者对防治冰害的问题进行了长期的研究、探索和实践，总结出一套适应当地地理环境的方法，且取得了一定的除冰效果，常见防冰措施有如下几种。

1) 蓄冰法

蓄冰法就是修建蓄冰库，其作用是将河道冰凌拦蓄在蓄冰库内，引入不含冰凌的清水，使输水渠道冰凌含量减少，保证冬季安全运行(刘东康，1998)。尤其是采用输排冰运行方式的梯级电站，若在一级渠首修建蓄冰库，下游梯级均能受益，且无需另外再耗水排冰，提高了冬季发电效率，收获的效益比较明显。

根据青海省引水式电站冬季运行经验，渠首防冰主要为蓄冰，利用有利地形建坝引水，形成具有一定容积的蓄冰库，以便有效拦蓄渠道中的冰凌。其原理是在蓄冰库水面形成冰盖，隔绝寒冷空气对入库水体的影响，同时通过库底地温与水体的热量交换，使入库水体增温，从而可消融部分入库冰凌。青海省香加水电站、黄南洲电站、曲什安电站、曲库乎电站等均有渠首蓄冰库。该方法在西部地区水电站应用较多，需要建立专门的蓄冰水库，成本较大。

2) 冰盖法

冰盖法于20世纪中期就已成功应用在新疆阿勒泰地区的水电站，经过不断地总结经验和推广，渐渐被新疆很多水电站采用(赵明，2011)。该方法基本思路是在渠道较高水位冻结一层冰盖，使寒冷的空气与渠水隔绝从而达到防治冰害的目的。具体操作步骤如下：在天气寒冷的条件下控制渠道流量及流速，使渠道水流速变慢并保持在较高水位，水面开始结冰形成冰盖；当冰盖形成一定厚度时，在冰面凿出若干水孔，增高渠道水面，水从空洞溢出凝结成冰，即可达到增厚冰盖的作用；重复凿孔，当冰盖厚度达到需求时，恢复正常的水位和流量，此时水位低于冰盖底，和冰盖之间的空气形成隔温层，保证渠道正常输水。

冰盖法运行的优点是冰盖可对水流起保温作用，且渠底与水体的热交换能提高水温、消融冰花。当环境气温较低且不具备输冰运行条件时，可采用结冰盖运行。如青海黄南洲水电站渠道位于阴坡，渠道断面为窄深式，外界气温较低时极易形成冰盖，因此比较适合采用冰盖法输水。

3) 融冰法

渠道水体凝结成冰是由水体温度降至 0℃以下继续失热导致，若通过增加水体热量，使水体温度保持在 0℃以上，即可避免发生渠道冰害。增加水体的热量可通过向水体注入高温水实现，如工业废水、泉水和地下水等。工业废水一般要求工业厂房离引水渠道距离不能太远，满足条件的厂房不多，泉水也受地理条件约束，应用不是很广泛，只有抽取地下水注入引水渠道增加渠道水温较容易实现，且地下水源稳定，凿井地点可以自由选择。

本文原型观测对象新疆玛纳斯河流域红山嘴电站正是采用抽取地下水提高渠道水温(简称抽水融冰)，解决了长期困扰电站冬季安全运行的冰害问题，渠道运行通畅，电站也能正常进行发电生产。成功应用此方法的水电站还有青海牛板筋水电站、新疆沙湾县金沟河水电站等，均取得良好的运行效果。

4) 排冰法

排冰法是将渠首引入的冰或输水渠道中产生的冰通过渠道中的水输送到电站前池处，利用水力或机械方法将冰排出的方法(侯杰等，1997)。由于冰的比重较小，主要漂浮于水面运动，因此通过排冰闸排出表层水流的方法即可将冰排出。排冰闸的排冰效果取决于排冰闸布置的位置和形式，一般布置为机械排冰，即在电站引水口的拦污珊处安装回转式拦污栅，夏季用来排除污物，冬季用来拦截冰块。其运行效果好坏的关键是排冰闸的布置形式。排冰闸的布置形式可分为正向排冰侧向引水、正向排冰正向引水、弯道排冰和侧向排冰正向引水等形式。实践经验表明，正向排冰的效果最佳，弯道排冰是正向排冰中的特例，而侧向排冰的效果最不理想。正向排冰、正向进水的布置形式是将进水闸分为上下两层，下层进水、上层排冰，充分利用流冰的流动惯性。弯道排冰也是正向进水的布置形式，将排冰闸设在弯道顶点下游，可充分利用环流作用排冰。排冰法实际上就是利用冰水比重不同使用机械将他们分离开来从而消除冰害的方法，此方法适用于冰情不是很严重的水电站，如果结冰情况严重，分离排冰效果则不明显。

1.2.4　抽水融冰技术应用现状

抽水融冰是根据当地水文自然条件和水电工程特点，采用凿取地下水注入引水渠以提高渠水水温、融化冰花，通过渠水增温方法使引水渠道在冬季正常运行。国内最早应用抽水融冰技术的是青海省香加水电站，该水电站打井5眼，分3处注入渠道，成功实现了寒区水电站冬季运行发电(邓朝彬和刘柏年，1987)；20世纪80年代末，在新疆金沟河流域电站和青年电站应用抽水融冰技术，20世纪90年代初在玛纳斯河流域红山嘴电站中应用抽水融冰技术(王文学和丁楚建，1991)，不仅成功解决引水渠道冬季无冰运行，而且产生很好的经济效益。如抽水融冰在红山嘴电站应用12年，累计净增发电量1.2741亿kW·h，累计增加利润5229.3万元，并节约打冰费用及人工工资达1000万元以上(陈荣等，2005)；同时抽水融冰井每年冬季11月底投运，次年3月停运，冬季运行120天左右，其余时间闲置，每年可为当地提供2000万m^3抗旱用水，抽水融冰的应用在为电厂产生发电效益同时，也为当地抗旱发挥了重要作用。

邓朝彬和刘柏年(1987)对香加水电站引水渠抽水融冰运行经验进行介绍。抽水融冰真正产生较好效益的成功应用是在新疆金沟河水电站和玛纳斯河红山嘴水电站。红山嘴电站从1995年开始进行抽水融冰应用，共凿井17眼，基本保证全冬季发电。王文学与丁楚建(1991)对金沟河电站抽水融冰进行试验研究，并推出不冻长度计算公式；刘新鹏等(2007，2008)对红山嘴电站应用抽水融冰技术原理、效益及运行中存在问题进行研究；王峰等(2009)对红山嘴电站抽水融冰不冻长度进行计算，并对井群应用进行研究，通过研究反驳了抽水融冰不经济、不能用于流量大于12m^3/s的渠道说法，消除存在的认识误区。

抽水融冰引水渠道水温大于0℃渠段的长度称为不冻长度，是抽水融冰应用的重要依据。对此，香加水电站的计算参照苏联萨费罗诺夫不结冰渠道长度计算公式，计算结果与实际运行结果差别较大；新疆金沟河和红山嘴水电站推算出的计算公式比苏联经验公式考虑影响因素多，但该经验公式仅考虑了对流和蒸发产生热量损耗，而没有考虑渠床地温、太阳辐射、降雪、水体动能损耗在水中冰溶化产生的热量损耗，不具有广泛性，计算结果与实际运行结果也有一定差距。

1.2.5 冰水二相流研究方法

目前国内外直接对抽水融冰研究很少，抽水融冰属于冰水二相流问题，对此研究主要集中在河冰问题上，研究方法主要有试验研究和数值模拟等。

1. 试验研究

世界上最早通过模型试验研究河冰运动可追溯到1918年，几个较早有代表性研究分别是：1948年加拿大通过模型试验研究了Saint Francis River靠近Bromptonville区域冰塞问题(Fenco，1949)；1980年美国开始使用石蜡进行模型试验。其他如Urroz和Ettama(1992；1994)、Saadé和Sarraf (1996)、Healy和Hicks(2006；2007)、Ettama(2001)、王军(1997)、王军和聂杰(2002)、王军等(2006)通过水槽试验研究了冰塞形成与演变一般机理和相应规律；史杰(2008)通过室内水槽试验，利用工业白蜡模拟了连续冰盖和不连续冰盖，用木材模拟岸冰冰盖，对冰盖流水流结构进行了试验研究。国内外也有针对实际工程开展的原型试验(白世录等，1997；Beltaos, 2005；Beltaos et al., 2006)。

试验研究可借助试验水槽对冰水力学问题进行定性或定量研究，以探讨机理、寻求一般性规律，建立相关理论体系。近年来单纯水槽试验研究较少，且基本是探索性的定性描述，系统性不够，试验场次也较少。

2. 数值模拟

1)国内冰水二相流研究现状

我国对河流冰水力学研究起步于20世纪90年代，多集中在冰塞、冰盖方面，研究中多采用一、二维模型。蔡琳和卢杜田(2002)根据冰水两相流连续方程及运动方程，建立水库防凌调度一维数学模型；杨开林等(2002)建立了一维非恒定流模型，模拟冬季松花江流域白山河段冰塞形成发展过程；茅泽育等(2003a, 2003b)建立冰塞形成及演变发展冰水耦合二维数学模型，并模拟了黄河河曲段冰塞期水位变化；针对黄河河段，茅泽育等(2005, 2006, 2008)研究河道冰塞和冰盖水流规律，并分别进行模拟；王军等(2008a)将三维贴体坐标变换应用于冰塞演变过程，建立三维河冰演变模型；朱芮芮等(2008)采用一维模型模拟无定河流域每年春季河流水位、封河日期和开河日期；王军等(2009)对冰塞堆积进行了数值模拟计算；高霈生等(2003)模拟了南水北调中线工程干渠郑州至北京段沿程水流温度变化。

对河、渠内冰水变化规律研究，国内起步较晚，且研究多采用一维和二维模型。其中，吴剑疆等(2003)建立河道中水内冰形成及演变垂向二维紊流数学模型；陈明千(2008)建立非稳态一维冰花生消模型，并应用模型研究西藏地区引水式水电站引水渠道中冰花演变规律；王军等(2008b)研究水内冰花颗粒运动轨迹和初始冰塞头部推进过程，得出冰颗粒质点运动轨迹；王军

(2007)对直道和弯道水流速度场进行模拟，同时对有槽段冰花上浮率分布进行三维数值计算；石磊(2009)和李清刚(2007)分别使用FLUENT软件对河流冰塞和冰盖进行模拟，得到不同条件下流场参数变化规律；王晓玲等(2009)建立三维非稳态欧拉两相流模型，模拟不同引水流量下水电站引水渠道中温度与冰体积分数沿程分布；张自强(2010)以西北某水电站引水渠道为例，模拟冰水热平衡关键影响因素对水内冰演变的影响，分析引水渠道中流速、温度及冰体积分数沿程分布等。

以上研究成果，特别是河、渠内冰水变化规律数值模拟研究，将对本项目抽水融冰运行参数优化研究提供很好借鉴作用，但抽水融冰是冰花消融过程，与上述河、渠内冰演变过程正好相反。目前对冰花消融过程研究成果很少，需要专门研究。

2)国外冰水二相流研究现状

国外对河流冰水力学数值模拟研究起步于20世纪60年代至70年代，研究多集中于一、二维河流冰塞和冰盖方面。Zufelt 和 Ettema(2000)首次建立一维冰水耦合运动冰塞动力学非恒定模型，模拟分析水位和流量变化对冰塞厚度和水深影响；Shen 等(2000)建立二维动态河冰模型，模拟 Mississippi 河中段冰盖厚度分布情况；Jasek 等(2001)建立冰下一维数学模型，估算加拿大 Dawson 市附近 Yukon 河段冰期过流量；Hopkins 和 Tuthill(2002)在矩形水槽中利用三维离散元模型(discrete element model, DEM)模拟拦冰栅在矩形渠道的操作和运行情况；Shen 和 Liu(2003)采用二维河冰模型，模拟 Shokotsu 河冰塞形成过程；Hopkins 和 Daly(2003)建立一维非稳态离散元 DEM 模型，模拟 Buckland 河冰塞形成过程；Hammer 和 She(1991)以及 She 和 Hicks(2006)建立一维动态水力模型，模拟冰塞形成过程；Liu 等(2006)建立二维河冰模型，模拟 St.Lawrence 河上游河冰的演变及消融过程；Healy 和 Hicks(2007)在稳态和非稳态水流条件下，采用实验方法验证一维恒定水力模型；Carson 等(2001, 2003, 2007)采用实验研究、原型观测等实测结果，对已有河冰模型进行验证分析，指出模型适用条件。

国外对河、渠内冰水变化规律研究报道不多，且多集中在一维和二维水内冰演变方面。其中 Betchelor(1980)运用一维方程对水内冰质量及热力交换进行研究；Lars 和 Shen(1991), Shen 和 Liu(2003)利用二维紊流模型对水内冰演变过程进行数值模拟；Chen 等(2005)将冰分为表层浮冰和悬浮于水中的水内冰两部分，分别模拟两层中水温和悬浮冰花的浓度分布。

1.2.6　存在问题

综合来说，国内外对抽水融冰直接研究成果很少，现有成果不能反映水力、热力、气候等多种因素对冰花消融影响效果；数值模拟针对引水渠道中冰花消融规律方面研究较少，多数研究主要集中在水流中冰的形成和演变过程；此外抽水融冰一般是多井运行，井水沿渠道分段注入，形成接力补温格局，融冰过程有外界能量持续加入，现有模拟成果对此均未涉及。

因此，研究抽水融冰过程中冰花消融规律，揭示抽水融冰机理；综合分析水力、热力和气候条件对不冻长度影响规律，建立单井不冻长度与各影响因素之间定量关系式；运用 FLUENT 等现有软件模拟单井和井群运行抽水融冰沿程运行参数变化过程，并结合原型观测试验和水槽试验，最终探索出高寒地区不同水力、热力、气候条件下抽水融冰井群运行优化参数，为引水式水电站冬季运行提供理论依据与技术支持，保障高寒区引水式电站能够全冬季发电，对西部等欠发达地区居民生活生产、生态环境等方面均具有重要现实意义。

1.3　选题意义及研究内容

1.3.1　选题意义

(1) 中国西北地区冬季严寒，气温低且冰期长，导致大多数引水工程的引水渠道产生不同程度的冰灾，不仅影响渠道的输水能力，对农业生产和人民生活也会带来一系列影响，所以引水渠道冰害是寒区引水式电站冬季运行必须解决的一个关键问题。目前对水电站引水渠道冰害防治的渠首蓄冰运行、渠首排冰运行、渠道冰盖运行、渠道排冰运行等方法均不太理想。实践证明，应用抽水融冰解决水电站冬季运行冰害是一项经济安全可行的技术措施。但该技术许多关键问题，像抽水融冰机理、引水渠道水温沿程变化规律、引水渠道不冻长度理论计算、单井和多井运行参数变化模拟、井群优化布置等都是依靠经验，缺少理论计算依据，导致该技术在应用中出现很多问题。在国家自然科学基金项目的支持下，对上述关键问题进行全面、系统地研究，最终获得不同水力、热力、气候条件下抽水融冰井群运行优化参数，为解决寒区引水式电站冬季运行冰害提供科学依据。

(2) 寒区冬季明渠引水长期遭受冰害困扰，严重制约工农业及居民生活用水，经济损失巨大。在西部等高寒地区，抽水融冰是解决引水式电站冬季运行冰害的理想措施。在抽水融冰研究中，原型观测试验研究是推动整个研究的关键步骤，实测研究也是推动科学发展的一个重要组成部分，科学理论最终都需要实践来检验。实测数据不仅可以初步分析抽水融冰影响因素并分析出相关运行规律，也为进一步数值模拟提供理论依据。在对引水渠道冬季运行冰害形成过程及影响进行分析的基础上，结合新疆玛纳斯河流域红山嘴水电站应用抽水融冰情况，采用原型观测方法，开展了两次抽水融冰试验。根据试验结果，揭示寒区引水渠道冬季运行抽水融冰基本原理，进一步论证抽水融冰理论的正确性和可行性。

(3)在我国严寒地区，为了有效地改善引水式水电站引水渠冰封冰冻现象，可采取抽水融冰方法来保证引水渠道冬季运行畅通。但现有研究缺乏详细的融冰后水温、冰花密度、冰水合流速等变化规律成果，对融冰效果无法判断，为此需对引水渠道抽水融冰过程进行概化水槽试验。根据试验结果，得到未注井水、单井注水、双井注水和多井注水 4 种情况下引水渠道水温、冰花密度和冰水合流速沿程变化的规律。

(4)实际工程证明，抽水融冰技术的应用，对渠道水温的提升有明显作用，可以保证引水渠道冬季正常运行。而抽水融冰应用的重要依据为不冻长度，即引水渠道水温大于 0℃的渠段长度。通过计算抽水融冰渠道的不冻长度，便可以知道每一口融冰井对渠道冰害的防治距离，以此得出融冰井群的合理布置方案，可为寒区引水式电站运用抽水融冰技术提供参考方案。气温、地温、太阳辐射、风速等因素都会影响引水渠道的水温变化，但目前该方面的研究主要集中在河流中冰的形成和演变上，而关于不同水力、热力、气候条件下对渠道不冻长度的影响鲜有涉及。因此利用水流的热平衡理论推导引水渠道的不冻长度计算公式，分析不同水力、热力、气候条件对不冻长度的影响，为寒区引水式电站运用抽水融冰技术提供理论参考。

(5)为探讨外界热量注入引水渠道提升水温的效果，有必要建立三维紊流数值模型，对多口融冰井同时运行条件下引水渠道水温变化过程进行仿真计算。鉴于国内外对抽水融冰直接研究成果很少，数值模拟主要集中在水流中冰的形成和演变过程；然而抽水融冰属于冰花消融过程，与已有研究中河渠内冰演变过程正好相反。为了研究引水渠道水温变化过程、各井之间的耦合影响作用，以及井群合理运行优化布置，以新疆红山嘴二级电站引水渠道为研究对象，通过 FLUENT 软件建立三维紊流数值模型，对外界热量注入条件下引水渠道沿程水温变化过程进行模拟，预测引水渠道水温沿程变化过程，为引水式水电站引水渠道冬季运行提供理论依据与技术支持。

1.3.2 研究内容

本书以新疆玛纳斯河流域红山嘴电站引水渠道为研究对象，采用实测资料分析与力学理论分析相结合，水槽试验与数值模拟相结合的方法，定量揭示抽水融冰机理，建立单井引水渠道不冻长度计算公式及多井运行优化模型，数值模拟单井和多井条件下引水渠道水温变化过程及库区三维水温分布。各章具体内容如下。

第 1 章提出问题，给出研究背景及意义。分别从我国水电站常用几种防冰措施、抽水融冰技术的应用现状、冰水二相流研究方法等方面出发，全面总结现有抽水融冰研究的相关成果，重点介绍冰水二相流的研究现状及存在的不足等。

第 2 章在全面分析红山嘴电站引水渠道冰清、融冰井基本概况基础上，定量分析抽水融冰机理；在此基础上，给出引水渠道冬季运行的设计要求和消除冰害的设计方法。

第 3 章根据原型观测试验结果，全面分析原型条件下引水渠道水温变化规律，包括井后明渠沿程水温变化规律、水井前后 5m 附近明渠水温变化规律等。

第 4 章以红山嘴电站引水渠道为概化水槽，分别开展无井水、单井注水、双井注水、多井注水等条件下水温、冰花密度、冰水合流速的水槽试验，结合试验结果分析这些因素的沿程影响规律等。

第 5 章根据水流热平衡理论，建立不冻长度的统一计算公式，并结合红山嘴电站、金沟河电站引水渠道不冻长度的计算资料进行验证，分析不同水力、热力、气候条件对不冻长度的影响，为寒区引水式电站运用抽水融冰技术提供理论参考。

第 6 章运用 FLUENT 软件，对单井条件下引水渠道抽水融冰水温变化过程进行数值模拟，并与原型观测结果进行对比，分别对井水流量、渠道流量、井水温度、渠道水温及流量和温度同时变化等不同边界条件，引水渠道水温变化过程进行数值模拟，为引水式水电站引水渠道冬季运行提供理论依据与技术支持。

第 7 章以新疆红山嘴二级电站引水渠道为研究对象，建立三维紊流数值模型对多井同时运行条件下引水渠道水温变化过程进行仿真计算，对外界热量注入条件下引水渠道沿程水温变化过程进行模拟，给出不同渠道引水流量和不同大气温度条件下不冻长度计算结果和井群的合理布置间距，建立不同气候、水力、热力条件下抽水融冰井群运行优化参数方案，为引水式水电站引水渠道冬季运行提供技术支持。

第 8 章应用抽水融冰数学模型建立三维水温计算模型，以某一典型水温分层型水库为实例，通过建立三维水温计算模型，分别对不同工况下库区水温分布进行计算研究，分别给出了一月、二月、三月、五月、六月、七月和八月份库区及近坝区水温分布模拟结果，并进行详细分析，最终结果表明建立的三维水温-水动力数学模型能够很好地应用于水温分层型水库的模拟。

第 2 章　引水渠道抽水融冰机理

水是一种极其宝贵的自然资源，是工农业生产乃至人民生活赖以生存与发展不可缺少的先决条件，随着国民经济的飞速发展，玛纳斯河地表水资源的利用程度已达到相当高的水平，地下水资源的开发利用也已成为解决工农业生产和生活用水的另一主要水源。1995～2003 年玛纳斯河流域红山嘴电站在二级电站渠首，沿引水渠先后打了 13 口抽水井，这些融冰井沿二级电站引水渠一字排开，形成具有一定抽水能力的井群，已解决二级电站引水渠冬季渠道冰竣问题，抽水融冰从根本上解决了引水渠冬季结冰的难题，抽出地下水后所增加的水量又相应增加了发电量。

2.1　玛纳斯河流域概况

2.1.1　自然地理位置及自然概况

玛纳斯河流域位于天山北麓准噶尔盆地南缘，南起依莲哈比尔尕山北麓分水岭，与和靖县相邻，北接古尔班通古特大沙漠，与和布克赛尔县、福海县分界，东起塔西河，西至巴音沟河。其地理位置处于东经 85°01′～86°32′，北纬 43°27′～45°21′，东西最长 198.7km，南北最宽 260.8km。总面积 $2.43\times10^4km^2$，其中山区 $1.1\times10^4km^2$，平原 $0.96\times10^4km^2$，沙丘 $0.35\times10^4km^2$。流域内地势由东南向西北倾斜，海拔最高 5242.5m，最低 256m，最高与最低海拔高程相差 4986.5m。海拔高程 3600m 以上为终年积雪覆盖，冰川面积 $1037.68km^2$，是各河径流主要补给源；1500～3600m 高程河段是充沛的降雨区，此河段阶地发育，河谷深切达 70～100m，河床水流集中，两岸岩石裸露，植被覆盖率较高；高程 1500m 至出山口段，是径流转运区，河床由粗大的卵砾石组成，渗漏量较大，在石河子天富热电股份有限公司红山嘴电站二级电站渠首以下至玛纳斯河红山嘴引水枢纽之间，此河段有一个巨大地下水库，溢出带常年有 $1.10\times10^8m^3$ 的泉水溢出，由于玛纳斯河河谷较临近其他河流下切深，其补给源从理论上讲应为东至塔西河，西至巴音沟河，南至肯斯瓦特水文站以下的广泛地下连通区域，因大断层的阻隔和背斜构造的弱透水层或不透水层，阻隔了向斜谷地与山前平原之间潜水层的直接联系，所以这一河段的泉水溢出带与下游地下水不产生水平交换,在泉水溢出的河谷间生长有大量的胡杨林；出山口后，流速变缓，泥沙大量堆积，形成较平缓的洪积冲积扇。山口以下为径流散失区，玛纳斯河冲洪积扇缘带有大量泉水溢出,形成第二个泉水溢出带，其补给源为这段河床和渠系的渗漏水量；5 条河流的冲洪积扇以下为广阔的山前倾斜平原，地形坡降 1/100～1/30，表层覆盖有 0.2～4m 厚的亚砂土，亚黏土。越向下游，地面坡降越小，土层越厚，这一区域是主要的农业生产区，垦植面积约 400 万亩，人口约 80 万。

2.1.2　流域地形、地貌及河相

该流域地形南高北低，最高海拔高程与最低海拔高程高差 4986.5m，平均每公里落差 17.84m，局部地形比较复杂，整个流域从南至北长 241.7km，分为南部山区、中部平原区和北部沙漠区。玛纳斯河流域具有明显的垂直地带差异，地质、气候、土壤、生物种群有明显的区域性和差异性。

流域内 5 条主要河流均发源于天山依连哈比尔尕山山脉北麓宴罗科努山山脉的东延部分，各河流源头都伸入到雪线以上，5 条河流并排向北流去，深切横穿高中山地峡谷，从低山口流出。源头有较好的冰川，天山山脉走向为东西走向，北坡坡翼较长，呈树枝状，海拔 4000m 以上的高山地区古冰川和现代冰川都很发育，现代冰川有 80 多条，面积达 $130km^2$，山谷冰川中冰舌长度达 3km 以上就有 5 条之多，冰川储量约为 $90.0\times10^8m^3$，折合水量为 $75.0\times10^8m^3$，这些固体冰川是玛河流域内各河系的源泉。河流上源属高中山带，山势陡峻，除 1500～2700m 高度间分布着狭窄的森林带外，植被稀少，降水丰富，加之河道深切，水量逐渐集中，但地表径流一出低山口后，由于河床开阔，河床砾石层深厚及农业灌溉引水等原因，水量逐渐减少，最后成为无尾河流。

2.1.3　流域气候特征

流域远离海洋，气候干燥，既有中温带大陆性干旱气候特征，又有垂直气候特征，属于典型的大陆性气候。冬冷夏热，日温差较大，光照充足，热量丰富，雨量稀少，蒸发量大，平原地区由北至南气候差异较大，年平均气温在 6～6.9℃之间，无霜期 160～190d，年降水量 110～200mm，年蒸发量 1500～2000mm。夏季极端最高气温可达 43.1℃，冬季极端最低气温可达 –42.8℃左右，年平均日温差 11～14℃，年极端气温温差 85.9℃，全年日照时数平均 2840～2870h，流域内夏季多东北风，冬季多西南风，总的气候情况

是光、热、水资源丰富，特别是光热资源条件比国内外同纬度的地区要优越得多，对种植业十分有利，由于冬季气温不稳定，气候多变，降水变化大，易出现春旱、春寒天气。一般从 11 月到来年 4 月为冰冻期，气温保持在 0℃以下的天数可达 130d，属于典型的严寒地区。

据石河子水文站统计，2011 年气温变化曲线如图 2.1 所示。流域内夏季多东北风，冬季多西南风，总的气候情况是光、热资源丰富，由于冬季气候多变，气温不稳定，易出现极端寒冷天气。

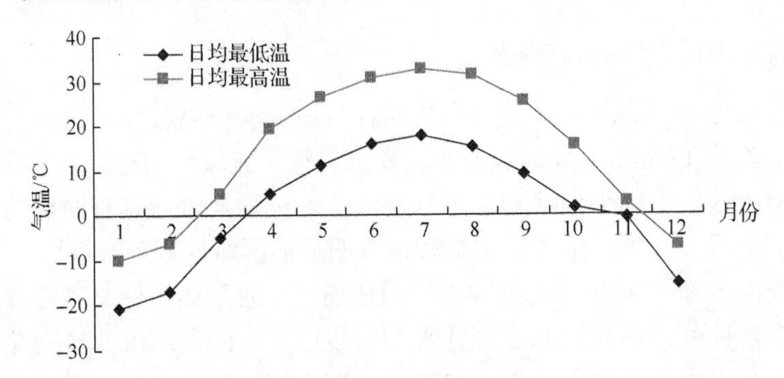

图 2.1　2011 年全年气温曲线

2.1.4　玛纳斯河水系特征

玛纳斯河是玛纳斯河流域内主要水系，也是天山北坡年径流量最大的水系，发源于和靖县境内，天山主峰以南小尤尔都斯以北的冰峰地区，由古仍郭合拉哈特、古仍郭勒、郭德郭勒和夏格孜郭勒四支流汇流于玛纳斯、沙湾、和靖三县交界处，流入玛纳斯河主河道，另一主要支流由和靖县经呼斯台郭勒峡谷过沙湾境流入玛纳斯河。玛纳斯县境内有也盖孜和清水河（发源于也盖孜大板的雪山）、大小白杨沟（发源于后山头道马场）和芦草沟五支流汇集于肯斯瓦特，流入玛纳斯河主河道，河流由南向北入玛纳斯湖，全长 324km，红山嘴出山口以上河长 190km。

水系海拔 1500～3200m 之间的中山草甸区，年降水量大于 543.5mm，其中年内分配为春季（3 月、4 月、5 月）占全年量的 33%，夏季（6 月、7 月、8 月）占全年量的 45%，秋季（9 月、10 月、11 月）占全年量的 19%，冬季（12 月、1 月、2 月）占全年量的 4%。南部山区降水形成大量地表径流，是玛纳斯河的主要水源。玛纳斯河红山嘴站以上区域集水面积 5156km^2，多年平均径流量红山嘴站为 13.01×10^{8}m^3，最大年径流量 20.67×10^{8}m^3，最小年径流量

$10.32\times10^8m^3$，4～11 月河流来水量占全年来水量的 66.6%，1999 年 8 月 2 日出现最大洪峰流量 $1100m^3/s$。1964 年 1 月 23 日出现最小流量 $2.00m^3/s$，多年平均流量 $41.30m^3/s$，山区坡降 1/50～1/100，森林覆盖面积 $254km^2$，水系年际径流变差不大，C_v 值仅为 0.12，最大年径流和最小年径流量的比值为 2.003；但年内径流变差很大，时空分布也极不均匀，来水量受气温及高中山区降水的影响极为明显，反映了冰川融雪补给型河流的主要特点。玛纳斯河属山溪性多泥沙的内陆河，上游河段在海拔高程 1500～3500m 之间的山区，两岸植被覆盖率高，河水挟沙较少，但高程 1500m 以下至高程 500m 河段的中低山及低山丘陵地段，植被减少，河床裸露，河谷狭窄，两岸陡峭，河床纵坡较大，水流湍急，汛期水量集中，洪峰尖瘦，陡涨陡落，历时短暂，一遇暴雨，各冲沟泥沙俱下，水流含沙量显著增加，玛纳斯河年输沙量为 150×10^4～500×10^4t，最大输沙率 11200kg/s，最大含沙量 $166kg/m^3$，年平均含沙量为 1.0～$3.3kg/m^3$。9 月以后含沙量显著降低，最小含沙量为 0～$0.006kg/m^3$。根据观测资料计算，玛纳斯河年推移质输沙量约为 77×10^4t，推移质输沙量占悬移质输沙量的 15.4%左右。

2.1.5　玛纳斯河水文特征及演变规律

玛纳斯河水源补给主要由冰川融水补给和降水补给，玛纳斯河发源于天山北坡，受西风带西来气流的影响，正好处在迎风面，由于焚风效应气流遇到高山被阻隔抬升，水汽凝结下降形成降水，玛纳斯河中高山区地带年降水量可达 500～600mm，虽然玛纳斯河径流年际变化不大，但年内变化却较大，在时间分配上也极不均匀，特别是洪水期(6～8 月)径流量占全年的 68%，最大径流(7 月份)占全年 27.3%，枯水期(2 月份)最小，只占全年径流的 1.8%，年内变差值为 15.2 倍，这种水文特征反映了冰川融水补给型河流的特点。玛纳斯河洪水可分为 3 种基本类型。

(1)融雪型洪水。由高山冰川和积雪融化形成，洪水直接受单一气温因素的影响，有明显的日变化，一日一峰，洪峰不高，洪量也不大，变化比较平稳，在整个夏季洪水中占的比重较大。

(2)暴雨型洪水。此类洪水多出现在 7～8 月，受地方性局部天气和地形条件的影响形成，其笼罩面积内降雨强度大，集流时间短，水势汹猛，突涨突落，洪峰高但洪量不大。如 1966 年 7 月 28 日，最大洪峰流量(红山嘴站)$650m^3/s$，持续时间仅半个小时，这类突发性洪水对引水枢纽工程的威胁和破坏性最强。

(3) 暴雨融雪混合型洪水。形成这类洪水多为大尺度天气系统的影响，天气过程中，前期气温高，在融雪径流的基础上叠加暴雨径流形成峰高量大的汹猛洪水。如 1999 年 7 月 24 日，玛纳斯河受西西伯利亚下南下气流南支槽的影响，北疆沿天山地区普降大雨，10 时洪峰值高达 $1041m^3/s$，洪水持续不落，8 月 2 日洪峰值高达 $1095m^3/s$，此次洪峰持续时间为 28 天，为典型的双峰型洪水过程，最大一日、三日、七日、十五日洪量均为有水文资料记载以来第一位排序，此类洪水对引水枢纽和水库威胁较大。

从玛纳斯河 47 年水文资料反映这样一个规律：天旱河水不少，下雨河水不多。这是由于天旱年份降水虽少但气温高，山区晴天多，冰川消融量增大，弥补了降水量的不足，多雨年份降水虽多但气温低，冰川消融量减少。降水与冰川消融量对河流水量互相弥补，这是玛纳斯河径流量年际变化比较小的主要原因，这种年际变化的规律对垦区供水计划的实施，稳定农业种植面积具有非常重要的意义。

气温：平原地区年平均气温 6.0～6.8℃，山区年平均气温 3.9～6.2℃，最冷月平均气温（1 月）平原区为–20.6～–14.9℃，山区为–22.4～–17.9℃，冬季月平均气温由平原至山区逐渐增温，递增率为每上升海拔 100m，增高温度 0.4℃，夏季月平均气温由平原向山区逐渐降低，递减率为每上升海拔 100m 高度，降低温度 0.7℃。

降水：玛纳斯河流域降水特点是降水量少，分布不均匀，变率大，年降水量由北向南随高度递增，递增率为每上升海拔 100m，增加 34mm 降水量，靠近沙漠边缘年降水量仅有 117mm，山前石河子市附近年降水 200mm 左右，前山带至中山带 300～430mm，中山带以上年降水量可达 700mm 以上。流域降水东部多于西部，并随高度的增加而相应地增加，平原区各季降水量变化较均匀，山区变化较大，冬季降水量平原区大于山区，夏季山区降水量大于平原区。

蒸发：蒸发总量的多少与气温的高低有直接的关系，但与其他气象因素和植被也有密切的关系，如降水、风向、风力、湿度等，玛纳斯河红山嘴站多年均年蒸发总量 2122.7mm，清水河子站 1642.0mm，肯斯瓦特站 1594.6mm，红霓沟煤窑站 1604.3mm，蒸发量随高度的增加而减少，海拔高度每上升 100m 约减少蒸发量 63mm。

径流：玛纳斯河年径流的丰枯水演变仅以 46 年年径流资料为样本分析：1953～1957 年为枯水段，1958～1969 年为丰水段，1970～1975 年为平水段，1976～1986 年为枯水段，1987～1993 年为平水段，1994～2003 年或 2004 年应为丰水段(2003 年由于气候因素的影响，这一周期规率发生改变，笔者认为这只是周期扰动现象，宏观径流大趋势将按此规率运行)，枯水周期大约为 11 年，平水周期大约为 6 年，丰水周期大约也是 11 年，如果玛纳斯河年径流量具有如此规律的话，本丰水周期应该持续到 2004 年才结束，2004 年以后应为平水周期。

泥沙：玛纳斯河泥沙具有上游至下游，含沙量逐步增大的分布特征及演变规律。河道出山口之后进入冲积扇阶地，输沙量增加的速率加快，融雪期和特大暴雨时含沙量最大，年内降水量较多时输沙量也大，径流量大时相应输沙量也大。

水质：玛纳斯河河流水质属于重碳酸类水，水质良好，河流沿程无大的污染源，常量元素 Ca^{+}、Mg^{+}、SO^{4-}、Ce^{-}的矿化度含量不大，未超过生活饮用水标准，肯斯瓦特站与红山嘴两水文站总硬度分别为 6.63 和 7.48 德国度，清水河子为 5.95 德国度。以水质标准衡量属于饮用水，可用于工业、农业及生活各种用途。玛纳斯河水 pH 值在 7.4～8.5 之间，在自然状况下略偏碱性。综合历年情况看,水质变化与年内各项水文要素的变化具有密切的关系，流量大时，总硬度、矿化度低，反之则增高，遇暴雨洪水时，河水中的矿化度及各种成分有突然增高的趋势，水的类型也会由重碳酸盐类型变为硫酸盐类型。各种常规离子含量多年处于稳定状态，年际变化不大，但水质沿程有一定的变化规律，即出山口前变化不大，出山口后变化较大。

2.2　红山嘴电站概况

红山嘴电站坐落于新疆北部准噶尔盆地南部，地属新疆玛纳斯县，始建于 1961 年，是新疆开发建设最早的一批水电站之一。现建设有梯级电站 5 座，配装 19 台水轮发电机组，总装机容量达 11.505 万 kW，设计年发电量 4.5 亿 kW·h。电站地处新疆北部，冬季气候严寒，建成以来在冬季经常受到冰冻危害，影响正常发电，电站员工为保证渠道畅通，需要经常在渠道打冰除冰，不仅劳动强度大，效果也不明显，在部分气候异常寒冷的冬季，水电站甚至陷入全面停止运行的状态。

红山嘴电站是下游玛纳斯河流的干流流经地，电站停止运行，不仅水电站经济损失很大，同时也影响下游工农业用水。红山嘴电站经过长期的摸索和研究，利用地下水注入引水渠道，取得良好的除冰效果，玛纳斯流域丰富的地下水资源不仅使整个水电站在冬季正常运行，而且抽取的地下水还可以增加发电量及增加下游工农业用水供给，实现防治冰害和增加渠道流量的双重作用。红山嘴电站从1995年开始探索和研究抽水融冰技术的实际应用。采用抽水融冰技术消除冰害已经十几年，积累了丰富的实践运行经验。

2.3　引水渠道及冰情概况

红山嘴电站由5座阶梯水电站组成，两座阶梯电站之间由引水渠道相连接，属于典型的径流式梯级引水式电站群。为了获得一定的发电水头，引水渠一般有几公里或十几公里长。在严寒的冬季，长距离与空气接触的引水渠道经常遭受冰害而出现冰塞、冻胀、冰盖等现象，情况严重时还会使渠道彻底断流而使水电站完全陷入瘫痪。红山嘴电站引水渠道为宽浅式断面，渠道水面部分宽阔，与空气接触面大，更加大了引水渠道在冬季受到冰害的几率。

图2.2为红山嘴电站引水渠道横断面设计图，可以看出引水渠道横断面为倒梯形截面，渠底宽度仅为1m，而渠道设计漫流面宽度为16.75m，设计漫流水深为4.5m。

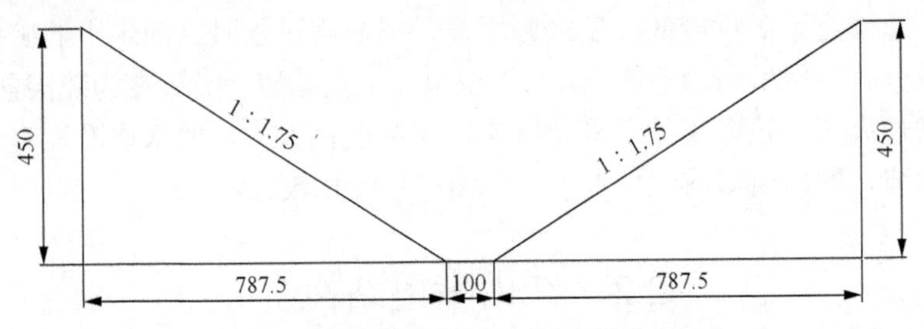

图2.2　引水渠道横断面示意图(单位：cm)

由于冬季漫长而严寒，且各梯级电站引水渠较长，红山嘴电站经常出现冰害，渠道无法顺利引水。1995年之前，电站在每年冬季均需花费大量的人力、物力和财力进行引水渠道的打冰和炸冰工作，然而除冰效果并不明显，且经常需要各级电站停机排冰，严重影响电站正常运行。此外，频繁的打冰和炸冰也会对引水渠稳定性和使用年限产生不利影响，给水电站安全稳定运行带来隐患。在冰情严重时，红山嘴电站要被迫停产1～2个月甚至整个冬季都无法正常生产发电。即使在冰害较轻时，水携带着冰花经压力管过水轮机发电，经常有空气混入，造成压力管和发电机组震动，机组运行稳定性降低；当水中混合冰花超过50%时，冰花、冰块等经常堵塞前池和压力管，也会使电站被迫停止发电。

玛纳斯河流域冬季气温变化大，已形成的岸冰或冰盖在气温升高时会极不稳定，当冰块集聚到一定规模，无法承受上游冰块和水体时，就会突然崩塌，水流裹挟大量的冰块一泻而下，对渠道坝体产生冲击，威胁渠道稳定。较大流量的冰水混合物在渠道弯道处容易堆积堵塞渠道，造成漫流甚至溃坝的危险。图2.3为红山嘴电站引水渠道在严寒冬季受到严重冰害图片。

图2.3　引水渠道水面被冰块覆盖

图片来源于2012年红山嘴电站厂区宣传栏

2.4　抽水融冰井的基本概况

红山嘴电站经过十几年的摸索和研究，利用抽水融冰技术成功消除了冰害对电站发电产生的危害。红山嘴电站从1995年开始探索和研究抽水融冰技术的实际应用，到目前共建设抽水融冰井17口。1995～1997年开始探索抽水融冰消除冰害，在渠首至二级引水渠之间建设了6口融冰井，经过几年的运行，除冰效果良好，冬季冰害基本没有出现。在气温不是很低的天气条件下，只开启部分融冰井即可达到消除冰害要求，在气温严寒时则需要全部开启融冰井。但在2001年冬季出现极端寒冷天气，6口融冰井全部开启也不能保证整个渠道在冬季正常运行，引水渠中水流冰花仍非常严重，在渠道水流流速较低的渠段水面冰花冻结成冰盖，二级引水渠结冰盖处最长达8km左右。为了加强抽水融冰效果，2002～2003年在二级引水渠沿程修建了7口融冰井，2006～2008年在一级引水渠渠道修建了4口融冰井，可以保证即使在极端天气下引水渠道也能正常输水。

红山嘴电站抽水融冰技术最大流量可抽取地下水7740m^3/h注入引水渠，利用地下水的升温作用有效解决了引水渠结冰问题，保证了引水渠输水通畅，结束了电站大规模打冰、炸冰、排冰运行和冬季停机的历史，使排冰用水变为发电用水，极大改善了电厂的冬季运行条件；同时利用地下水的增能作用，抽取的地下水注入引水渠，增加冬季发电水量，提高前池运行水位，增加冬季发电水头，增加的水量依次通过下游电站增能发电。

从地下水面到融冰井出水口的高差称为扬程，扬程的大小直接影响抽水所耗电力，一级引水渠设置的融冰井扬程一般为 180m，二级引水渠设置的融冰井扬程为 55～65m。经过水电站多年的发电统计，抽取地下水所耗电与增加流量所发电能相当，甚至增能稍大于耗电量。依据红山嘴电站 2009 年冬至 2010 年春融冰井抽水统计，红山嘴电站 17 口融冰井基本参数见表 2.1。

表 2.1　抽水融冰井基本参数表

编号	位置	井深/m	地下水埋深/m	井管内径/mm	成井时间	扬程/m	实际流量/(m^3/h)	实测水温/℃
1-1#	8+360	220	74.5	260	2007	180	169.2	—
1-2#	8+444	220	130.6	260	2007	180	507.6	—
1-3#	8+835	220	74.5	260	2008	180	417.6	10.0
1-4#	厂区南 30m	160	45.0	260	2006	180	136.8	—
2-1#	暗渠进口	100	34.0	260	1996	65	507.6	—
2-2#	0+042	90	26.6	260	1995	65	—	—
2-3#	0+371	100	30.5	260	2003	55	529.2	—
2-4#	0+678	100	28.0	260	2003	55	522.0	—
2-5#	0+927	110	31.4	260	2003	55	507.6	10.0
2-6#	1+314	100	31.4	260	2003	55	529.2	10.0
2-7#	1+662	100	31.3	260	2003	55	—	—
2-8#	3+129	110	31.2	230	2003	55	—	10.6
2-9#	3+610	110	26.0	260	1996	65	572.4	10.0
2-10#	4+410	110	26.0	260	2002	55	604.8	10.0
2-11#	5+277	120	24.0	230	1996	58	439.2	9.6
2-12#	5+910	110	26.0	260	2002	55	720.0	—
2-13#	6+629	110	33.4	260	1997	55	482.4	10.2

注：—表示测量时该井未工作或未测量。

图 2.4 为红山嘴电站现场查勘拍摄的部分融冰井出口处图片，抽取的地下水通过水管在岸边直接注入引水渠道，部分融冰井出水口处由于气温较低凝结了一层冰盖，井水从冰盖层中以抛物线状注入渠道。

(a) 1-1#　(b) 1-2#

(c) 1-3#　(d) 2-1#

(e) 2-3#　(f) 2-4#

(g) 2-5#　(h) 2-6#

(i) 2-7#　(j) 2-8#

(k) 2-9#　(l) 2-10#

(m) 2-11#　(n) 2-12#

图 2.4　抽水融冰井现场(2013.2.21 摄)

2.5　抽水融冰机理

2.5.1　引水渠道冰害形成过程

在西部高寒地区，抽水融冰是解决引水式电站冬季运行冰害的理想措施。

冰害形成的宏观过程如下：在严寒的冬季，随着气温下降，渠道水表面与寒冷的空气接触，渠道水面温度不断降低，随着寒冷空气对水面进一步的降温作用，水面温度开始下降至 0℃以下，达到水的冰点，水面开始有细小的冰晶产生。渠道水流是典型的湍流流动，水面产生的冰晶迅速混合到整个水体中，整个渠道水中充满冰晶。在靠近岸边和渠道底部的位置，部分冰晶开始附着在壁面上，逐渐越聚越多，便形成岸冰和底冰。岸冰慢慢向渠道中央发育，两岸的岸冰连在一起即形成冰盖。同样随着冰晶聚集成长，底冰也会使渠道水位上升。岸冰和底冰很容易造成渠道漫流、渠道溃坝等严重后果(黄酒林等, 2014)。引水渠道冰害形成的过程如图 2.5 所示。

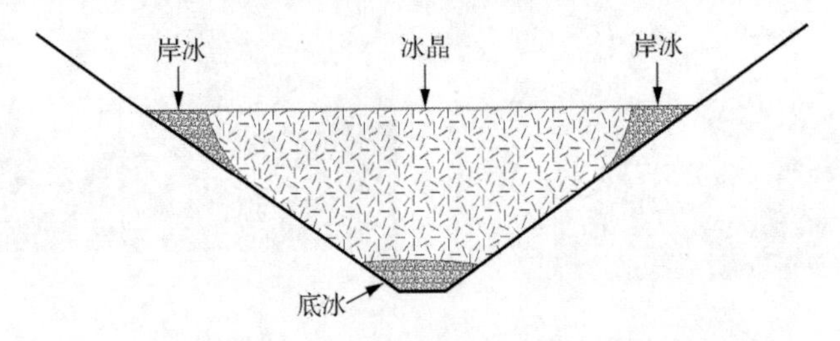

图 2.5　引水渠道冰害形成过程示意图

水在持续降温并最终凝结成冰的过程中，微观上主要经历了以下几个阶段：①液态水在被冷却到接近凝结温度 0℃的过程中，随时不停地产生尺寸较小、大小不一且极不稳定的晶胚，它也是随后产生的晶核的来源；②当水被过冷到 0℃以下，某些具有较大体积比较稳定的晶胚真正成长为晶核；③晶核渐渐发育，出现棱角，棱角处的散热条件好于其他部位，因而优先成长，最容易把晶间填满，这种成长的方式叫枝晶成长。过冷强度越大，枝晶成长的特点便越显著；④大量晶核成长达到互相接触以后，冰开始形成。

2.5.2　抽水融冰基本原理

抽水融冰原理如图 2.6 所示，根据当地水文自然条件和水电工程特点，采取凿井提取地下水注入引水渠的方法提高渠水水温，使渠水中的冰花、冰在升高温度水的浸泡和冲刷下部分融化，控制渠道内底冰、岸冰发育，使渠道畅通，再利用地下水体流经电站形成的势能发电，使发电量大于或等于抽水的耗电量，从而产生增能作用，最后水体用于下游工、农业生产和人民生活。这种技术使地下水所具有的热能、势能、灌溉作用同时发挥，从而取得水利水电工程安全、发电、灌溉等水资源利用综合效益。

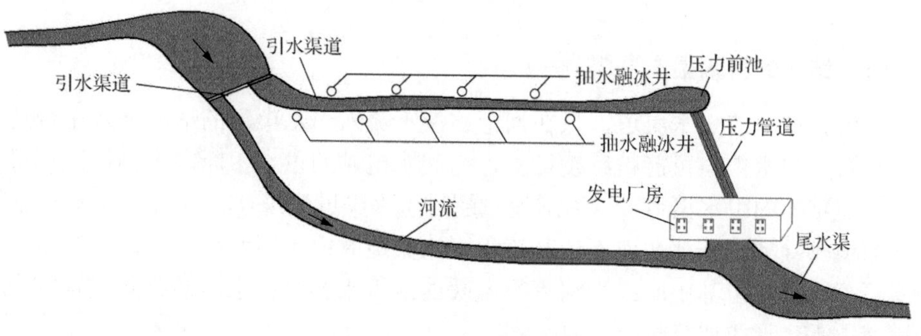

图 2.6　抽水融冰示意图

抽水融冰水温变化过程如图 2.7 所示，可以看出，假设渠道中温度较低水流(0.1～0.2℃)与温度较高井水(9.6～10.6℃)混合后，渠水温度将保持在 0.5～2.8℃，可以保证渠道水流不会形成冰花。

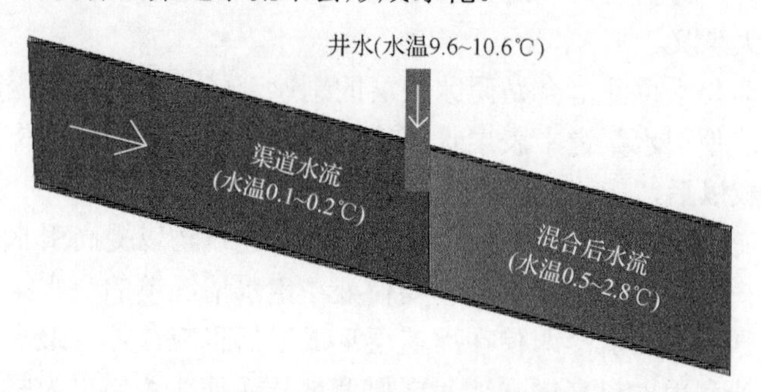

图 2.7　抽水融冰基本原理示意图

2.6　引水渠道冬季运行的设计要求

由于引水渠道较长，因而是高寒区水电站冬季运行最困难的地方。应当特别注意遵循下述要求来修建引水渠道。这些要求还要看引水渠道是设计成结冰渠道还是用来输送冰凌及冰块而定。

结冰的引水渠道和输凌用的渠道的采用条件，决定于气候因素及水电站所在河流的冬季情况。在设计引水渠道时，必须注意到，渠道的结冰情况在很大的程度上由它的运行特性决定。因此完全可能出现这样的情况，即设计好的非结冰渠道在严寒的冬季里及流量很小时被冰层所覆盖，所以下述各项要求只是针对普遍情况提出的。

2.6.1 结冰的引水渠道

设计结冰的引水渠道，只在河中冰凌不流入引水渠道的情况下才是合适的。否则引水渠道可能被冰凌堵塞，引起水电站的供水中断。下列情况下可以修建结冰的引水渠道：当河道流量超过引水渠道流量($Q_P > Q_m$)，并有可能从河道排除冰凌和冰块而不让其流入引水渠道时；当引水渠道首部具有蓄水库可把冰凌阻留其中时；当河流靠温暖的地下水补给在水电站首部建筑物上游河中不会形成冰凌时。

在上述情况下，冰凌可能直接在引水渠道中大量形成。为避免这种现象发生，使引水渠道中结成冰盖层是适当的，这样可以隔离水面使它不与冷空气接触。此时冰层下面的水流不会过冷，因而在引水渠道中就不会有冰凌形成。除此以外，冰盖层可以防止雪团刮入渠道，这对经常发生暴风雪的地区来说也有重大意义。

河水流动和水位涨落会妨碍冰盖层的迅速形成。因而在冰盖层的形成时期必须尽可能使引水渠道中表层水流速度达到最小，并保持水位固定不变。当冰盖层结成以后，应该保证冰盖层的完整性。

要使水流速度降低，可借助于专门的壅水建筑物以提高引水渠道中的水位，或采取一些特别的运行措施。要使处在壅水情况下的引水渠道受冻以造成冰盖层，则水位的涨落即使在冰盖层形成以后也应该保持最小，以免冰盖层破裂。但若利用木料来增强冰盖层厚度，从而使冰盖层更为坚固，此时引水渠道中的水位可允许有较大的涨落。

冰盖层在引水渠道中的形成时间可根据日负气温固定时的气象资料来确定。冰层所需厚度则根据引水渠道宽度及用木料增强冰盖层的程度并参照该地区已有的一些水电站的运行情况和经验来决定。

当渠首水温接近 0℃，并有可能保证渠道中可迅速形成冰盖层那样的流速时，也可以修建结冰的引水渠道。这一流速可按下式求得(杜一民，1959)：

$$v = 0.1 - 0.03t \tag{2.1}$$

式中，t 为封冰时期的平均气温，℃。

为了保证冰盖层的完整性，结冰的引水渠道要保证水位固定不变。对小型水电站来说，结冰的引水渠道只是在冬季气温经常很低的地区才可能推广；即使是在这些地区，由于水电站的负荷变动较大，为了保存冰盖层，就需要横过渠道铺设浮栅或圆木，特别加固冰盖层。

2.6.2　不结冰的引水渠道

如果渠道水温相当高，河水在流到压力前池的时间内尚不能降低到 0℃，因而在这种渠道中不会形成冰凌和冰块。在这种情况下可以修建不结冰的引水渠道。修建不结冰的引水渠道的可能性要通过专门计算来验证。为了判断在小型水电站上修建不结冰的引水渠道的可能性，可利用萨弗罗诺夫公式(杜一民，1959)：

$$L = 600\frac{hvt}{a} \tag{2.2}$$

式中，L 为不结冰的渠道长度，m；h 为渠道深度，m；v 为水流速度，m/s；a 为水面热耗失，cal/(cm^2·min)；t 为渠首平均水温，℃。

给出公式右边小型水电站的各个值，就能算出不结冰的引水渠道的长度。如渠道深度 h=1m，渠道中水流速度 v=1m/s，渠道水温 t=0.2℃。根据列维教授的研究资料，各种水电站的热耗失变化为 0.18～1.5cal/(cm^2·min)(杜一民，1959)。

按上述变化范围的下限计算，即得

$$L = 600\frac{1\times1\times0.2}{0.18} \approx 670\text{m}$$

上述计算表明：在热耗失不大，即在比较温暖的气候条件下，算出的不结冰的引水渠道的允许长度是很小的。显而易见，在水电站建设中，仅在很少的情况下，即当水源是由温暖的泉水补给，或当上游具有很大的蓄水库且引水渠道的明流部分极短时，才能修建不结冰的引水渠道。

2.6.3　供输送冰凌和冰块用的引水渠道

这种情况下，渠道在平面上应该尽可能设计成直线。如果因地形或地质条件的关系必须使渠道弯曲，则应使这些弯曲的渠段构成具有较大半径的平滑曲线，以免在这些弯曲段上形成冰堆。渠道在水流方向上应该具有均匀或渐增的坡降。渠道过水断面的上部宽度应尽可能地缩小，以减少由于水流表面冷却引起的热量耗失。同时建议把渠道的整个过水断面都设置在挖方里，以防止渠道充满水时发生事故(如冲毁堤岸等)。

输送冰凌的引水渠道岸顶，规定高出冬季最高设计水位在 0.6～1.0m。超过此值要根据水位因底冰形成而可能升高 0.2～0.3m、为了防备渠道中的冰坝或冰堆必须具备一定容积和为了破坏冰堆必需造成壅水等条件来确定。渠道过水断面面积和形状不允许有急剧的变化，同时也不允许修建缩窄水流断面的建筑物。渠道中最好每隔 1.5～2km 设置事故排水道，当清除引水渠道时能保证在任何区段上都能输送冰凌和冰块。排冰道应设置在极易形成冰堆地点(在渠道平面上转弯处及断面改变处)的下游，同时应当把排冰道适当布置在引水渠道同山涧和峡谷交叉的地点，因为在这些地方的坡度能保证同行无阻地排泄冰凌和冰块。

当冰凌沿渠道流动时，同水流、河岸、河底及大气会发生相互的作用。冰凌同水流的相互作用基本决定于河流水力状况。首先决定于流速和河床糙度，视流速和河床糙度及冰凌数量的不同，冰凌可能遍布整个水流断面，或呈零散毯状物和絮状物漂流于水面，或呈正片连续的带状物而流动。

图 2.8 为冰凌在黄河河道中的流动情况，冰凌同河岸的相互表现为摩擦。当凌片对河岸的摩擦值增大时，冰凌的流动速度就减缓。在这种情况下凌片就会停滞下来，并且形成冰堆。同时渠道中的水位开始升高，要么破坏冰堆，要么引起河水漫堤溢流，冲毁堤岸，使邻近地区遭水淹浸。

图 2.8　黄河河道中呈零散聚集的冰凌流动情况

图片来源于中国网 2017.1.21

冰凌同河底的相互作用多半发生在天然河道上，在这种河道中有时由于冰粒集结作用而形成底冰。当底冰浮起时，便把土粒和石块等带起，同时顺流向下游挪动，参与造床作用。

最后，由于凌片同冷空气接触，冰凌可能冻结在一起；反之，当气候暖和时，冰凌可能融化。在弯曲的引水渠道中，冻结在一起的凌片破裂成为 4～6m 长的散片。显然，如果冰凌发生更强烈的冻结，在水流转弯处就不可避免地形成冰堆。

2.6.4 输凌情况下渠道中的水流速度

为了控制引水渠道中冰凌的流动，重要的是要了解在什么样的水流速度下冰凌遍布整个水流断面，以及在什么样的流速下冰凌成为凌片而浮动于水面。

知道这些流速值，就能够设计在横断面及坡度不变的直线渠段水面上冰凌的流动状况。反之，在水流断面缩窄和坡度改变的过度渠段上及转弯地点上，也就是在一些可能形成冰堆的地方，必须确定保证分裂冰凌并使其遍布整个水流断面的水流速度。利用水流横断面的能量转移原理就可以确定这些流速值，具体如下。

在水流中分出一块平行六面体的液体体积，其高度为 H，此值等于底面积为 1.0m^2 的水流深度。

分出的液体体积在 1s 内沿垂直方向移动了 iv 的值，所做的功为

$$W_{\mathrm{n}} = 1 \times 1 \times H\gamma iv \tag{2.3}$$

式中，γ 为水的容量，kg/m^3；i 为渠道坡度；H 为渠道深度，m；v 为平均流速，m/s。

此功的一部分消失，转变为热量；另一部分则从表层传到底层，耗用于磨蚀河床和移动泥沙。对宽阔的矩形河床来说，此部分能量是 W_{n} 的某一分量，即

$$W = aW_{\mathrm{n}} = \frac{1}{9}\frac{C+8}{C}\sqrt{\frac{C+8}{2}}\gamma iHv \tag{2.4}$$

式中，a 为系数，表示此部分能量占整个功的比例；C 为谢才系数。

假定宽阔河床 R=H(其中 R 为水力半径)，并采用 γ=1000kg/m^3，以谢才公式的 C 值代入后，即可把式(2.4)改变为

$$W = 78.5\frac{(C+8)^{\frac{3}{2}}}{C^3}v^3 \tag{2.5}$$

假设在某一渠段上冰凌呈片状漂流于水面，随着下一渠段坡度和流速的增加，转移的能量初时将耗散于分裂凌片，随后则耗用于使絮状冰凌遍布渠道整个水流断面。显而易见，此能量值等于凌团浮上水面所作的功 W_{m}，即平

均移动 $\frac{H}{2}$ 时所做的功，此时

$$W_m = h_m(\gamma - \gamma_m)\frac{H}{2} \tag{2.6}$$

式中，h_m 为冰凌层厚度，m；γ_m 为充满水分的冰凌容重，kg/m^3。

采用充满水分的冰凌容重 $\gamma_m = 940kg/m^3$ 并使转移的能量等于式(2.6)算出功，则

$$78.5\frac{(C+8)^{\frac{3}{2}}}{C^3}v^3 = 30Hh_m$$

因此

$$v_1 = 0.725\frac{C}{\sqrt{C+8}}\sqrt[3]{Hh_m} \tag{2.7}$$

式中，v_1 为保证冰凌不在渠道中发生拥挤流动所需流速，m/s。

如图 2.9 所示，为式(2.7)的曲线图，可以看出，如果渠道深度和凌片厚度越大，且渠床糙度越小，则保证冰凌遍布渠道的整个水流断面的流速就应该越大。

利用曲线图 2.9，可以很容易地确定为分裂凌片以保证冰凌在渠道中不发生拥挤流动所需的水流速度。如当渠道深度 H=1.5m，凌片厚度 h_m=0.3m，系数 C=40 时，则得 $Hh_m = 1.5\times0.3 = 0.45m^2$，并由曲线图求出流速 v_1=3.2m/s。

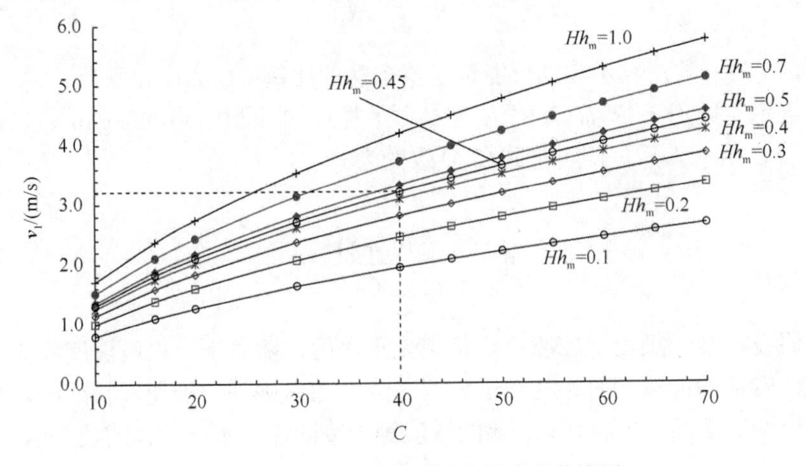

图 2.9　渠道中冰凌运动的临界速度曲线图

令式(2.5)所示的转移能量等于冰凌层黏着力的功，就可进一步确定凌片刚开始分裂时的水流速度，这一流速是设计冰凌在水面运动时的最大允许流速。假定冰凌同土块相类似，便可确定冰凌层黏着力的功。

从土壤学可知道，土壤颗粒之间单位面积上的最大黏着力为

$$C_2 = \frac{\pi\alpha}{2d}\left(\frac{1}{e}-1\right) \tag{2.8}$$

式中，α 为表面张力，kg/m；d 为颗粒直径，m；$e=\frac{1}{\delta}-\frac{1}{\varDelta}$，其中，$\delta$ 为干容重，$\varDelta$ 为颗粒比重。

由式(2.8)得出，冰凌层中的黏着力与其密实性和表面张力成正比，而与冰凌颗粒直径成反比。

进一步假设 α=0.0075kg/m，δ=0.6，$\varDelta$=0.9，则得

$$C_2 = \frac{3.14\times 0.0075}{2d}\left(\frac{1}{\frac{1}{0.6}-\frac{1}{0.9}}-1\right) = \frac{0.0093}{d}$$

用以克服单元冰凌层黏着力所消耗的功是

$$\mathrm{d}W_{\mathrm{m}}' = \frac{0.0093}{d}\mathrm{d}h_{\mathrm{m}}$$

用以克服全部冰凌层中的黏着力所消耗的功则为

$$W_{\mathrm{m}} = \frac{0.0093}{d}h_{\mathrm{m}}$$

令此功等于转移的能量，则

$$78.5\frac{(C+8)^{\frac{3}{2}}}{C_3}v^{\frac{3}{2}} = \frac{0.0093}{d}h_{\mathrm{m}}$$

因此，有

$$v_2 = 0.049\frac{C}{\sqrt{C+8}}\sqrt[3]{\frac{h_{\mathrm{m}}}{d}} \tag{2.9}$$

式中，v_2 表示冰凌呈片状在水面浮动时的最大流速，m/s。

利用这一公式和图 2.10 所示的曲线图，可以求得冰凌仍然呈整片状在水面浮动时最大的水流速度值。

对于上述例子所讨论的情况来说，即当 H=1.5m，h_m=0.3m，C=40，冰凌颗粒直径 d=0.005m 时，求出 $\frac{h_m}{d}=\frac{0.3}{0.005}=60$，并由曲线图求得 v_2=1.1m/s。

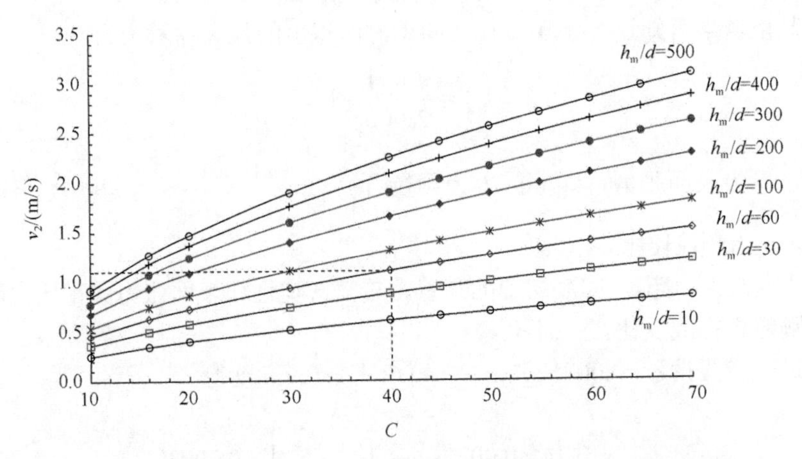

图 2.10　渠道中冰凌呈整片状在水面浮动时的临界速度曲线图

2.6.5　渠道转弯的允许半径

冰凌在水流中流动速度要求：冰凌成为整片的带状物以速度 v_m＜v_2 流动。这种凌片一旦停滞下来，就会迅速形成冰堆。这种情况在渠道转弯处（图 2.11）及由于岸冰和桥墩使得水面宽度缩小的地点最可能发生。

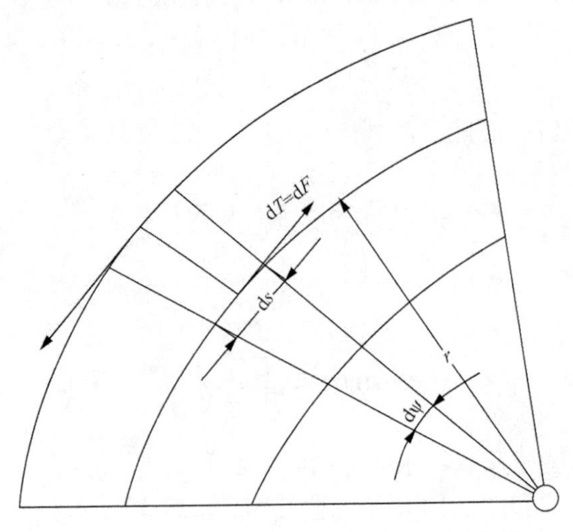

图 2.11　引水渠道弯道处凌片的运动示意图

现在设法确定凌片在什么样的曲线半径值的情况下就可能停滞不动。为了解决这个问题，假设厚度为 h_m 的凌片在上部宽度为 B 的渠道内以速度 v_m 沿水面流动。

当凌片沿着直线渠段流动时，制动力可以略去不计，因此凌片的流速可以认为等于表面水流速度。

在渠道弯曲处，凌片在离心力作用下紧贴凹岸，产生制动作用，同时水的牵引力和环流所引起的转动力矩的作用也开始表现出来。

假设牵引力力矩和摩擦力力矩的作用被内力力矩所平衡，且在极端的情况下(凌片停滞不动)，牵引力和摩擦力相等；根据这个条件可以确定弯曲半径允许的最小值。同时基于下述理由，可忽略作用于凌片断面的动水压力。根据拉迪宪柯夫的研究，当粉碎了的冰对浮栅施加压力时，动水压力不超过作用在冰下部表面上的水流摩擦力的 5%～15%。在所研究的问题中，因为当凌片停滞不动时，动水压力将用来改变冰凌积聚的形状，所以动水压力的影响就更小(杜一民，1959)。

按照上述理由，分出一个尺寸为 $B\times dS$ 的微量凌片，并确定它的平衡条件。此微量凌片的体积是 $dW=BdS\,h_m=Br\,d\phi\,h_m$，式中 h_m 为凌片厚度。

微量凌片的重量是 $dP_1=rd\phi\,Bh_m\gamma_m$，式中 γ_m 为充满水分的冰凌容重。

在离心力作用下，微量凌片施于凹岸的压力为

$$dP_2=r\frac{d\phi Bh_m\gamma_m}{g}\frac{v_m^2}{r}=d\phi Bh_m\gamma_m\frac{v_m^2}{g}$$

微量凌片碰到凹岸的摩擦力(对冰凌本身而言)为

$$dF=dyBh_m\gamma_m\frac{v_m^2}{g}f \tag{2.10}$$

式中，f 为冰凌对冰凌的摩擦系数。

牵引力的数值可根据下面方法求得。在直线渠段上冰凌片的流速 v_m 大致等于水流速度 v。

当冰凌片在渠道弯曲处受到阻滞时，水流速度可用二个速度向量之和来表示，其中一个是凌片相对于渠底和渠岸的速度向量，另一个是水流相对于冰凌片的速度向量，即

$$\boldsymbol{v}=\boldsymbol{v}_m+\Delta\boldsymbol{v} \tag{2.11}$$

在宽阔的直线渠段上，1m 长的水力损耗为

$$h_{\mathrm{N}} = i = \frac{n^2 v^2}{RR^{\frac{2}{6}}} = \frac{n^2 v^2}{H^{\frac{4}{3}}} \tag{2.12}$$

式中，n 为糙度系数；R 为水力半径，m；H 为渠道深度，m；i 为渠道坡度。

在渠道弯曲处，当渠床和凌片的糙度系数相等时$(n \approx n_{\mathrm{m}})$，则

$$h_{\mathrm{w}} = h_{\mathrm{w1}} + h_{\mathrm{w2}} = \frac{n^2 v_{\mathrm{m}}^2}{H^{\frac{4}{3}}} + \frac{n^2 (v - v_{\mathrm{m}})^2}{\left(\dfrac{H - h_{\mathrm{m}}}{2}\right)^{\frac{4}{3}}} \tag{2.13}$$

式中，h_{m} 为冰凌片厚度。

显而易见，式(2.13)右边的第二项正是牵引力 T_1 出现的原因。

如果认为水力损耗有一半是消耗于水流对渠底的摩擦上，另一半则消耗于水流动时冰凌片的摩擦上面，由此可求得冰凌片单位面积上的牵引力为

$$T_1 = \frac{\gamma H h W_2}{2} = 1.26 \gamma H \frac{n^2 (v - v_{\mathrm{m}})^2}{(H - h_{\mathrm{m}})^{\frac{4}{3}}} \tag{2.14}$$

其次，令 $h_{\mathrm{m}} = \alpha H$，可把式(2.14)改写成

$$T_1' = \alpha \gamma (v - v_{\mathrm{m}})^2 \tag{2.15}$$

式中，$\alpha = \dfrac{0.00114}{H^{\frac{1}{3}} (1 - \alpha)^{\frac{4}{3}}}$ $\mathrm{s^2/m}$（当 n=0.03 时）。

系数 α 在不同水深 H 和不同凌层厚度情况下的数值见图 2.12。

现在令分出的冰凌部分的牵引力等于该部分的制动力，即

$$\alpha \gamma (v - v_{\mathrm{m}})^2 r \mathrm{d} g B = h_{\mathrm{m}} \gamma_{\mathrm{m}} \frac{\mathrm{v}_{\mathrm{m}}^2}{\mathrm{g}} f \mathrm{d} \phi B$$

因而

$$r = \frac{\gamma_{\mathrm{m}}}{\gamma} \frac{h_{\mathrm{m}} f}{\alpha \mathrm{g}} \left(\frac{v_{\mathrm{m}}}{v - v_{\mathrm{m}}} \right)^2 \tag{2.16}$$

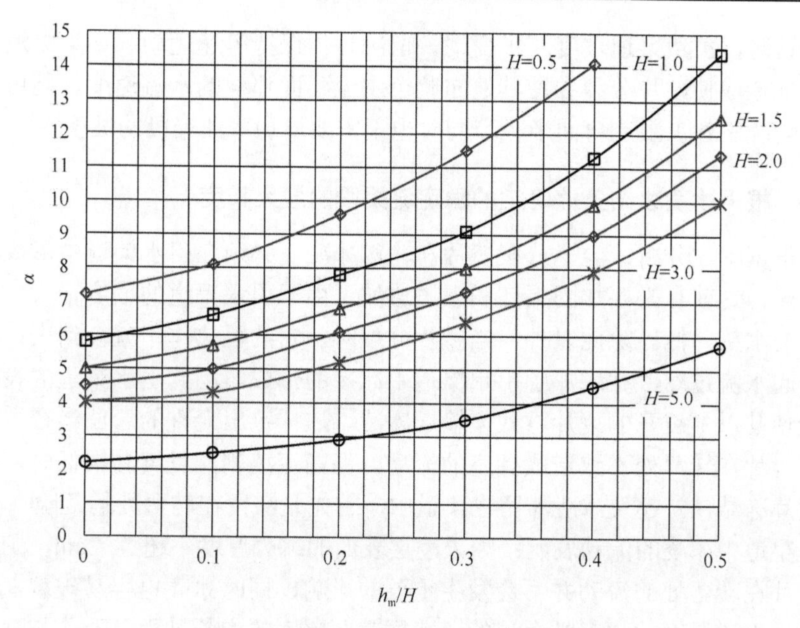

图 2.12　系数 α 随水深和冰层厚度的变化曲线

取 $\gamma_m=0.94$，$\gamma=1.0$，$g=9.81\text{m/s}^2$，$f=0.3$，$v_m=1\text{m/s}$，就可以把式(2.16)进行简化。前三个数值代入式(2.16)的正确性是很明显的。冰凌之间的摩擦系数用试验方法确定。冰凌的最小允许流速则按照水工建筑物设计标准及技术规范的规定，对于用作输凌的渠道水流速度应不小于 1m/s。在直线渠段上，具有这样的流速就能使冰凌流动。但在渠道弯曲段上，凌片在该处滞留的可能性极大，所以冰凌流动速度更不应该小于 1m/s。

如果采用等于 v_m 这一流速值，则可得出渠道转弯的允许半径：

$$r\approx\frac{0.03h_m}{\alpha(v-1)^2}\tag{2.17}$$

为了判断式(2.17)的适用性，应用这一公式来确定转弯曲线半径的允许数值，已知资料如下：$h_m=0.4\text{m}$，$H=1\text{m}$，从图 2.12 查得 $\alpha=0.00225$，因此，有

$$r=\frac{0.03\times0.4}{0.00225(v-1)^2}=\frac{5.3}{(v-1)^2}$$

从这一公式可以看出，当转弯处的水流速度约小于 1.25m/s 时，求得的弯曲半径就很大。由此得出结论：必须设计坡度相当大的曲线渠段。

这时，虽然渠道坡度有了变动，但凌片仍保持等速运动。如果渠道坡度能保证造成使凌片分裂并使其遍布整个水流断面那样的水流速度，则可不必按照输凌条件来限制弯曲半径，同时也不需要增加弯曲渠段的坡度。

2.6.6　根据冰凌冰结条件确定的稳定流渠段的最大长度

根据上述分析，为了分裂凌片和输送冰凌，必须在引水渠道中形成极大的流速，这就有必要加固渠底和渠道边坡；由于引水渠道的坡度很大，可能利用的水头降低。除此以外，当凌片分裂时，它的隔热作用就会消失；这样便引起水流过冷，并增加了引水渠道中冰凌的形成。因此引水渠道的设计最好能使其以不裂开的凌片方式来输送冰凌。这样定出允许的弯曲半径，就可保证凌片在转弯处不致造成拥塞的流动。但当流凌剧烈且气温很低时，会引起凌片冻结在一起及冰凌滞留在渠道中，首先是滞留在转弯处的危险。

渠道中冰凌的流动表明：如果凌层表面的冰壳厚度不超过 2cm，则冰壳对凌片在转弯处的流动并不会发生重要的影响，同时冰壳也容易破裂，也就是说，上述厚度的冰壳是允许的。凌层表面冰壳的增长过程可看作与静水冻结时冰层的增长过程相类似，因为在凌片范围内水和冰凌的质点彼此间几乎没有相对的位移。因此可以利用下式确定凌片表面结成 2cm 厚的冰壳所需的时间(杜一民，1959)：

$$T=-\frac{\gamma_{\mathrm{m}}\beta}{\alpha\lambda_{\mathrm{m}}t_{\mathrm{a}}}\left(\frac{\alpha h_{\mathrm{m}}^{2}}{2}+\lambda_{\mathrm{m}}h_{\mathrm{m}}\right) \tag{2.18}$$

式中，γ_{m} 为冰的容重，t/m^3；β 为结冰散热，kcal/t，采用 80kcal/t；α 为热损耗系数，kcal/(m · d · ℃)；λ_{m} 为冰的传热系数，kcal/(m · d · ℃)，采用 0.048kcal/(m · d · ℃)；t_{a} 为气温，℃；h_{m} 为冰层厚度，m。

把实际上不变的数值 β=80kcal/t，γ_{m} =0.9t/m^3，λ_{m}=0.048kcal/(m · d · ℃)代入式(2.18)，令 h_{m}=0.02m，并略去 $-\frac{\gamma_{\mathrm{m}}\beta h_{\mathrm{m}}^{2}}{2\lambda_{\mathrm{m}}t_{\mathrm{a}}}\frac{h_{\mathrm{m}}^{2}}{2}$ 值，就可得到

$$T=\frac{0.144}{\alpha t_{\mathrm{a}}}\,\mathrm{d} \tag{2.19}$$

应用式(2.19)可确定可能发生凌片冻结的渠段长度。如当最低气温 t_{a}= –30℃，渠道水流方向的逆风风速为 2m/s，冰凌流动速度 v_{m}=1m/s，则

$$W=2+1=3\mathrm{m/s}$$

$$a = 0.12\sqrt{3 + 0.3} = 0.218$$

$$T = \frac{0.144}{0.218 \times 30} = 0.022\text{d}，\text{或}1900\text{s}$$

发生冰凌冻结的渠段长度为

$$L = v_{\text{m}}T = 1 \times 1900 = 1900\text{m}$$

因此，上例中冰凌呈凌片状流动的渠段长度大约应不超过 2km。为避免凌片在该渠道中发生冻结，每隔 2km 必须形成一段其坡度能保证造成凌片分裂的流速的渠段。

2.7　引水渠道消除冰害的设计方法

2.7.1　由渠道输凌

引水渠道的冰害可以归纳为结成岸冰、底冰增长、雪刮入渠道及发生冰堆。在一些水电站的引水渠道中，几乎冬季全部时间都可以见到岸冰的增长。岸冰使水面受到限制，并且常常是冰堆形成的原因。因此必须定期把岸冰打碎。

破毁冰层可利用铁钎，搭钩杆或气锤逆着水流方向进行，以使冰块易于流向泄水建筑物。

首先应将引起渠道露天水面缩减的岸冰打碎，其次把结在渠道转弯处及渠道坡度或横截面形状改变处的岸冰打碎，最后，再把结在引水渠道的全长上的岸冰打碎，具体次序如图 2.13 所示。

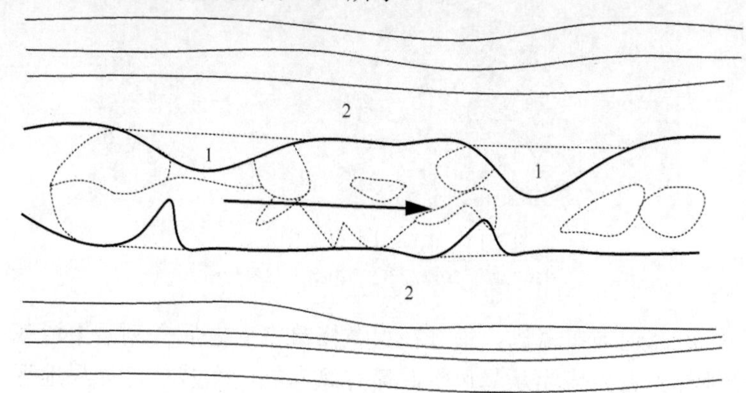

图 2.13　打碎引水渠道岸冰的次序

1-第一次打冰；2-第二次打冰

为了便于打碎岸冰，建议预先沿岸冰与渠岸的接触线撒布一道由暗色物质(煤渣，炉渣，泥土等)构成的“小路”，促使岸冰逐渐融化，从而有利于破冰工作。如果在压力前池前方的渠段中设有截水建筑物，破毁岸冰的工作则建议用降低和抬高渠道水位的方法进行，这时，岸冰“动荡”起来，最后可沿其与渠岸的接触线断裂。

引水渠道中结成底冰是比较少见的，即使在严寒的冬季，流凌几乎每天出现，但仅在个别时间里才有底冰形成。虽然底冰的形成是非常偶然，但它所引起的冰害却可能极其严重。底冰的凌角会使渠道糙度显著增加，并使渠道的水流断面缩减。渠底变成阶梯形，水力状况也因而相应发生改变。这时渠道坡度是不均匀的，是形成了一些被冰层位差彼此隔开且具有集中的水位落差的壅水河段，这样的情况下有形成冰堆的危险，所以由渠道输送冰凌便会发生困难。因此在底冰形成起来以后应尽快地将其从引水渠道中除掉。消除渠道中的底冰建议在天气晴朗(有阳光的天气)，水温在 0℃以上的时候进行。上述两个条件都有助于更容易地把冰块从渠底清除出去。

清除底冰的工作可用铁钎、凌锤和装载长柄上的铁铲逆着水流方向进行。首先把最严重的缩窄水流断面的底冰的粗大棱角打掉，以保证降低渠道水位，且便于进一步清除底冰的工作(图 2.14)。

图 2.14　消除引水渠道的底冰

图片来源于 2012 年红山嘴电站厂区宣传栏

为防止引冰道被雪盖满，最好在渠道修筑完工之后立刻沿渠道栽植防雪林带。这种林带首先应当从暴风雪时流行风向的一面栽植，如果地形及地质条件允许的话，再沿渠道两岸全长栽植。每一林带的内边缘可划定在距离挖渠土筑成的土堤边线 10～15cm 的地方。林带宽度可采用 20m(图 2.15)。靠近渠道露天部分栽植的开头两行应当选用有刺的灌木，以保护植林免受牲畜的践踏。

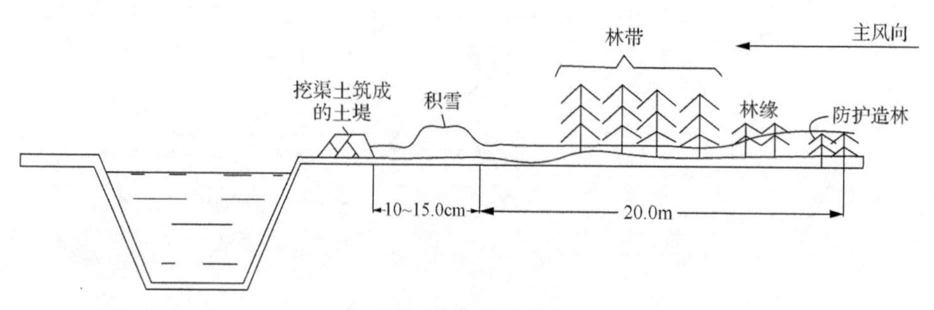

图 2.15　借助林带以防雪刮入渠道

防护林带在栽植以后经 3～4 年才能开始显现其效果。在这段时期里可借设置轻便防雪栅或借助于雪堤及雪墙来防治引水渠道的堆雪现象。轻便的防雪栅可按图 2.16 所示设置，用木板或干树皮制成。防雪栅设置在距离挖渠土筑成的外部土堤 10～20m 处；它们可用系结在预先打入的木桩上的方法就地固定。

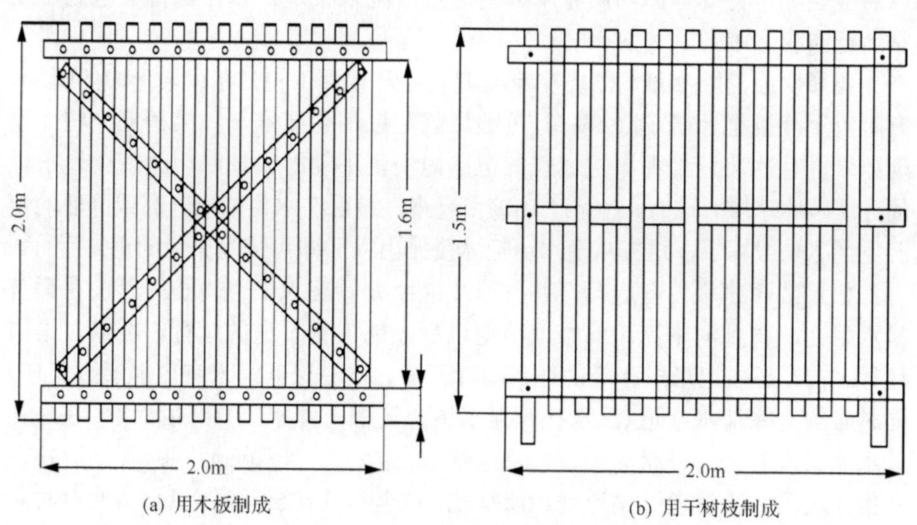

(a) 用木板制成　　(b) 用干树枝制成

图 2.16　防雪栅的构造

雪堤可人工或用扫雪机耙集而成，设在流行风向的一面，距离挖渠土筑成的土堤 15～20m 的地方。雪堤的高度可做成 70～80cm(图 2.17)。随着雪堤被风刮雪所盖平，这时可平行前一雪堤在距离 20cm 处建立第二道雪堤，或把填满起来的雪堤扩大为雪墙。

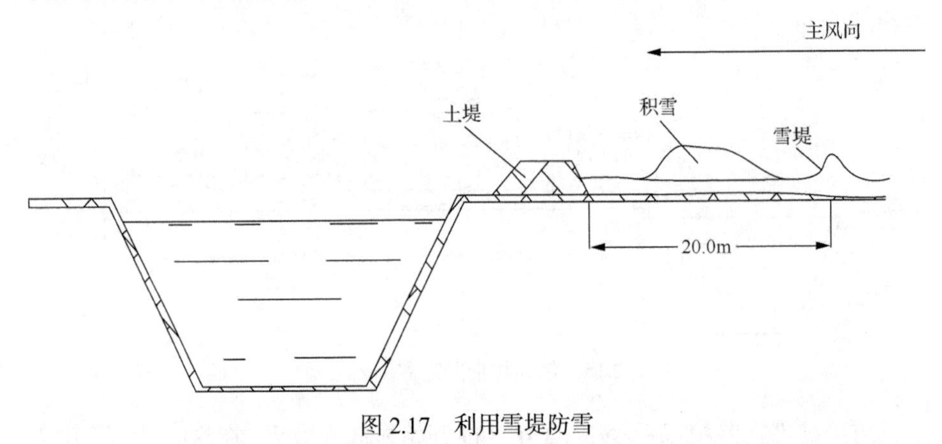

图 2.17　利用雪堤防雪

消除引水渠道中形成冰堆，首先在于采取防止冰堆形成的各种措施；其次，如果所用的一切措施都不生效，冰堆仍然形成，那么应当迅速把冰堆消灭。为了防止冰堆的形成，在准备期间必须为渠道输凌做好一切准备工作，以后应当经常打碎岸冰与防止暴风雪时把雪刮入渠道，以便保持渠道处于正常运行的状态中。

要最快地消除冰堆，需要在流凌期间经常观测渠道。在冰堆形成的瞬间，有时可用凌锥把冰带(冰堆发源点)毁坏就足以消除冰堆。如果稍迟一些才发现冰堆，且冰凌已经在渠道很长的范围内滞留不动时，最好用改变渠道水位的方法破坏冰堆。这时，冰堆“动荡”起来，最后在水位依次升高或降低的情况下把冰堆毁坏了，这样从泄水道把冰凌排出以后即可恢复渠道的正常运行。

如果破坏冰堆没有成功，并且冰凌继续大量流入渠道，必须尽快在渠首将水阻住，直到河中流凌的强度消退以后才能恢复渠道的运行。在恢复渠道运行之前，必须把形成冰堆的地点清除干净，以便保证河水有可能通过渠道，同时必须清除泄水水道(泄水孔，泄水道急流槽，泄水渠)中的冰块。在最初放水入渠道时会一并带来漂浮的冻结物(冻结凌团，岸冰碎片等)。同时挟有密集冰块的水流将通过渠道到达泄水孔，直至将其排到下游以后(为此有时必须花上数小时)渠道才能进入正常的运行。如果引水渠道中设有泄水道，渠道的冲洗最好从前端(首部)渠段开始，顺着泄水道之间各个渠段进行。

应当指出，当通过引水渠道的流量变化明显时，渠道中就很可能形成冰堆。因此在流凌猛烈期间应当随时将可能的最大流量引入渠道，再在压力前池中放泄多余的水量。

2.7.2 在渠道中形成冰盖层

在输水渠道中形成冰盖层是防止冬季冰害的根本方法，因为冰盖是防止水流过冷的天然隔热层，因而也能防止冰凌和底冰的形成。应当在河中造成冰盖层，且必须对流速很大的河段在快发生冻结的情况予以注意。

为了造成冰盖层，可在这些河段的水面用干枝格网或板皮、小圆木等做成的格栅覆盖起来，从而使表面流速急剧减少，这就可以促使表面河水迅速发生冻结。另一个加速冰层形成的方法是人为地扩大岸冰，使粗大的冰塊把两岸岸冰之间的水面进一步覆盖起来。为了人为地扩大岸冰，可把岸冰劈开，并将其稍微引到一旁，同时用插入河底的杆子或其他可能的方法把他们暂时固定起来。这时靠近岸边形成起来的露空水面就迅速被冰凌和冰块所充塞，并发生冻结(图 2.18)。在水面造成必要的收缩以后，从上游河段流送来的许多粗大的冰块便挤塞在岸冰之间，随之形成连续的冰盖层。

为了在引水渠道中造成冰盖层，在河面封冰期间必须保证渠道中的水位固定不变，避免冰层破坯破坏和输水水道及输水建筑物堵塞冰块。这种措施对于非自动调节的引水渠道较易办到，因为在这种渠道中，溢水道的底槛高程限制水位的升高。显然，在自动调节的渠道中造成冰盖层是不合适的，首先是因为这种渠道不是很长，流过的水不会骤然变冷；其次，如果造成了冰盖层，由于自动调节的渠道通常在压力前池中都不设泄水道，因此暖季到来的时候从渠道中排除冰块就会比较困难。

在引水渠道封冰期间，水电站以期所耗用的水量比供入渠道的水量略少一些，这可通过溢水道底槛溢流的水量加以控制。在个别情况下，如当河道流量急剧减少时，会破坏上述条件，从而引起冰盖层破裂。如果这种情况是发生在结冰初期，则冰层全部破坏，此时只能从头开始形成冰盖层。若冰层已经结成相当大的厚度，当渠道水位降低时冰层就在中间裂开且发生中部塌落。随着渠道流量的逐步增加，河水就从塌下的冰层上面流过。在这种情况下，河水的再度冻结会引起多层冰的形成，从而大大缩窄了水流断面，并降低了渠道的过水能力。

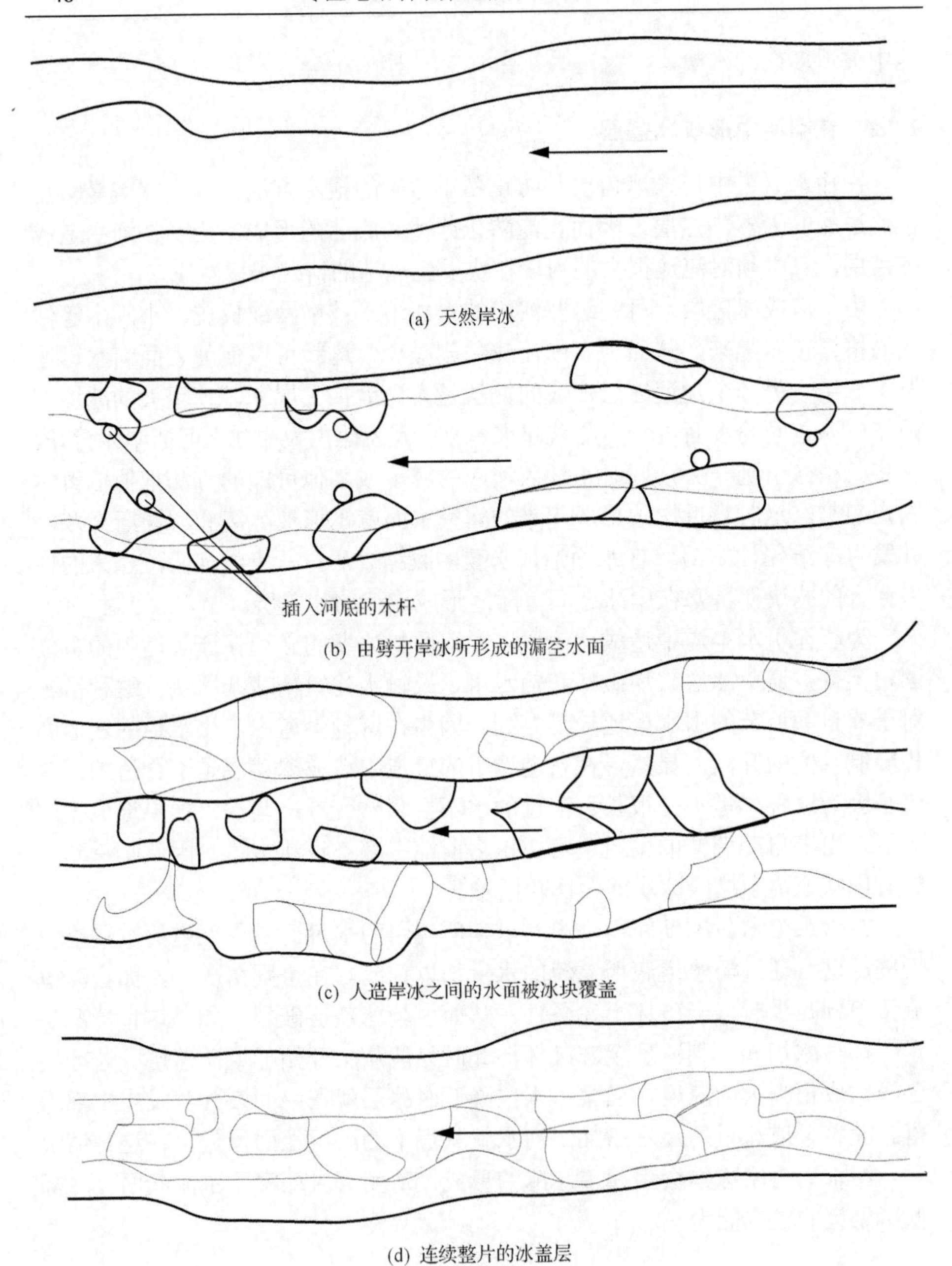

(a) 天然岸冰

(b) 由劈开岸冰所形成的漏空水面

(c) 人造岸冰之间的水面被冰块覆盖

(d) 连续整片的冰盖层

图 2.18　造成冰盖层的几个连续阶段

为避免这种情况的发生，当渠道流量增加时必须立刻采取各种措施以恢复冰盖层的正常位置。为达到这个目的，在冰层中部塌落的渠段上需要把冰层劈离渠岸，这样就可以使冰层漂浮在水面并进一步发生冻结(图 2.19)。

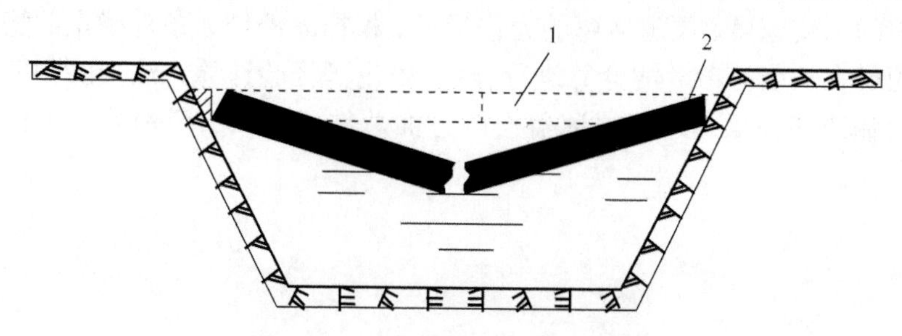

图 2.19　引水渠道中冰盖层的塌落

1-冰盖层的原来位置；2-中部塌落的冰盖层

当气温不是很低或引水渠道中的水流速度相当大时，必须用人工方法加速造成冰盖层。为达到这一目的，可在水面布置一些干枝或板皮格栅，同时也可横过渠道每隔 2～3m 设置一些小圆木或大圆木。上述措施有助于降低表面流速，从而促使冰盖层的迅速形成。除此以外，这些措施还能增强冰盖层，提高其坚固性。当渠道水位降低时就可以防止冰层破裂。

在输水渠道中造成冰盖层以消除冰害的措施，可使温度不发生重大变化的 0℃以上的河水引送到水电站电厂枢纽建筑物。如果水轮机输水管也包括在上述的建筑物中，则流经管道中的水流就不会冷却到 0℃，输水管便不会发生冻结。对于金属输水管，只有当封冰期间水温极低时才会出现冻结现象。

2.8　本 章 小 结

本章在介绍玛纳斯河流域气象水文概况、红山嘴电站及其引水渠道冰情、抽水融冰井的基本概况基础上，重点分析了引水渠道冰害形成的过程和凿取地下水注入引水渠以提高渠水水温、融化冰花的抽水融冰机理，具体如下。

(1)结合新疆红山嘴水电站冬季运行的工程实际，分析引水渠道冰害的形成过程及其对电站运行影响，并在此基础上对抽水融冰基本原理进行详细介绍：渠道温度较低水流(0.1～0.2℃)与温度较高井水(9.6～10.6℃)混合后，渠水温度将保持在 0.5～2.8℃，保证渠道水流不会形成冰花。

(2)分析了抽水融冰的运行效果，得到结论：红山嘴电厂抽取地下水温度为 10℃左右，混合后的水温均在 0℃以上，井水的注入对引水渠道有明显的增温效果，说明抽水融冰效果显著。

(3)分别按照结冰的引水渠道、不结冰的引水渠道、供输送冰凌和冰块用的引水渠道，给出冬季运行的引水渠道的一般设计要求，并对在输凌情况下渠道中的水流速度、渠道转弯的允许半径、根据冰凌结冰条件确定的稳定流渠段的最大长度等参数的计算进行分析，给出了经验计算方法；在此基础上，从渠道输凌和在渠道中形成冰盖层两方面总结了引水渠道消除冰害的设计方法。

第3章 抽水融冰原型试验

在抽水融冰研究中，原型观测试验研究是推动整个研究的关键步骤，实测研究也是推动科学发展的一个重要组成部分，科学理论最终都需要实践来检验。实测数据不仅可以初步分析抽水融冰影响因素及其相关运行规律，也可为进一步的理论计算和数值模拟提供依据。结合新疆红山嘴水电站二级引水明渠，采用原型观测方法，开展了两次抽水融冰试验。根据试验结果，分析不同水井运行方式下井后明渠沿程水温、井前后 5m 明渠水温及整个引水明渠沿程水温的变化情况，得到上述情况下明渠水温的变化规律及水井运行制度对水温变化的影响。处于运行状态的水井井后明渠水温得到显著提高，在井后 30～50m 范围内，水温急剧下降，并产生较大波动，超出该范围后，水温下降不明显，波动也相对平缓；井水和渠水的混掺及渠水与外界的热交换过程并不能在短时间、短距离内完成。

3.1 试验方案

分别于 2013 年 2 月和 2014 年 1 月对红山嘴电站二级引水渠进行原型观测试验，测量记录了渠道沿程的水温、井水温度及测量期间的气温等相关数据。观测期间全天气温始终保持在 0℃以下，保证了抽水融冰对渠道的明显增温效果。

由前期收集的资料及原型调研得知，该电站引水渠道融冰井井水水温一般在 10℃左右，而沿程渠水温度一般在 0～3℃之间。综合考虑，水温测量仪器采用水银温度计，量程范围为–30～20℃，其精度为±0.05℃；大气温度测量采用量程为–30～50℃的气温计，精度为±0.1℃。由于测量过程中受渠道水流、温度计误差及人为测量误差等因素的影响，采取多支校核过的温度计多次采水测量取平均值的方法。此外，采用手持 GPS 定位仪器测量融冰井的经纬坐标。

水温测量的主要目的是分析融冰井水注入后渠道前后水温的变化规律，测量点用融冰井井号命名，具体方案如下：在每一口融冰井处向上游 5m、10m、20m 处取水测量，并记录为井前渠道水温；同样在每一口融冰井处向下游 5m、10m、20m、30m、50m、100m、150m、250m 处依次取水测量，并记录为渠道混合水温；而井水水温的测量则直接在融冰井进水管出水口取水测量，记录为井水水温；外界大气温度的测量与水温测量同步进行，测量中将气温计放置在采水点的阴凉通风处，待气温计变化稳定后读取，记录为此处的大气温度。图 3.1 为测量水温现场，分别为在融冰井井口测量井水水温和在测桥上取水测量渠道水温。

(a) 井水出口水温

(b) 渠道水温

图 3.1 抽水融冰原型试验水温观测

3.2 试验结果及分析

3.2.1 观测期间气温变化

两次观测时均为晴天，云量和风力较小，气温全天保持在 0℃以下。观测试验均从上午 11 点左右开始，由 $3^{\#}$井沿程向下游测量，每个测点的测量时间大概为 20min，测量融冰井及渠道水温的同时，多次记录每个测点观测试验期间的气温值，取其平均值。气温记录结果如图 3.2 所示，可以看出，在 $5^{\#}$井点观测周期内，气温平均值约为–3.0℃，随着观测的进行，气温缓慢上升，观测至 $13^{\#}$融冰井时，气温平均值上升为–1.3℃。

3.2.2 融冰井及引水渠道水温

2013 年 2 月观测过程中，红山嘴电站运行的融冰井号分别是二级引水渠的 $5^{\#}$、$6^{\#}$、$8^{\#}$、$9^{\#}$、$10^{\#}$、$11^{\#}$、$13^{\#}$，其他融冰井暂未运行；2014 年 1 月观测过程中，运行的融冰井号分别是二级引水渠的 $1^{\#}$、$3^{\#}$、$4^{\#}$、$5^{\#}$、$6^{\#}$、$10^{\#}$、$12^{\#}$，其他融冰井暂未运行；实测出口处井水温度及明渠沿程水温如表 3.1 和表 3.2 所示。

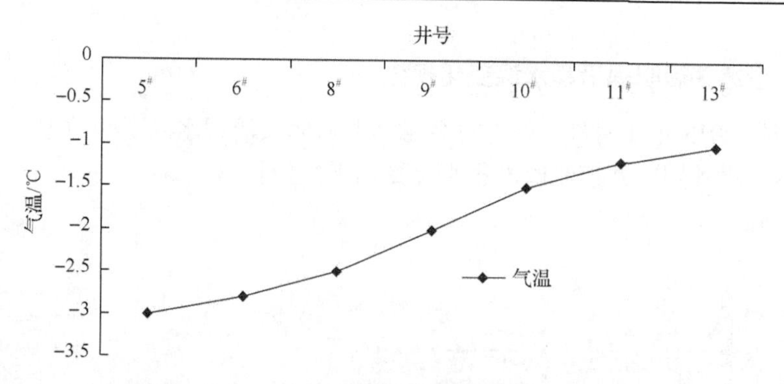

图 3.2　气温变化图

表 3.1　抽水融冰试验沿程水井运行情况及井水温度观测表

观测时间	出水口处井水温度/℃												
	2-1#	2-2#	2-3#	2-4#	2-5#	2-6#	2-7#	2-8#	2-9#	2-10#	2-11#	2-12#	2-13#
2013 年 2 月 1 日	×	×	×	×	10.0	10.0	×	10.6	10.0	10.0	9.6	×	10.2
2014 年 1 月 16 日	10.0	×	10.0	10.0	10.0	10.0	×	×	×	10.0	×	10.0	×

注：“×”表示相应的水井在 2013 年 2 月和 2014 年 1 月观测试验时未运行。

表 3.2　抽水融冰引水渠道沿程水温观测表

编号	2013 年 2 月/2014 年 1 月引水渠道沿程水温观测/℃											
	井前	井后										
	5m	5m	10m	20m	50m	100m	150m	250m	350m	500m	800m	1000m
2-1#	—/—	—/0.2	—/0.5	—/—	—/—	—/—	—/—	—/—	—/—	—/—	—/—	—/—
2-2#	—/—	—/—	—/—	—/—	—/—	—/—	—/—	—/—	—/0.5	—/—	—/—	—/—
2-3#	—/0.5	—/—	—/0.7	—/0.7	—/—	—/—	—/—	—/—	—/—	—/—	—/—	—/—
2-4#	—/0.7	—/—	—/—	—/1.0	0.2/0.8	0.2/0.8	—/0.5	0.2/—	—/—	—/—	—/—	—/—
2-5#	0.2/—	1.0/—	0.6/—	0.7/—	0.6/—	0.6/—	0.5/—	0.6/—	0.5/—	—/—	—/—	—/—
2-6#	0.6/1.4	0.9/1.4	0.8/—	0.9/1.4	0.8/—	—/—	0.6/—	0.8/—	—/—	—/—	—/—	—/—
2-7#	0.9/1.5	—/—	—/—	—/—	—/—	0.9/—	0.9/—	0.9/—	0.8/—	1.2/—	1.2/—	1.2
2-8#	1.2/1.4	1.6/—	1.6/—	1.6/—	1.6/—	1.3/—	1.4/—	1.4/—	1.4/—	1.0/—	—/—	—/—
2-9#	1.0/1.6	2.0/—	1.6/—	1.4/—	1.8/—	—/—	—/—	1.6/—	—/—	1.4/—	1.4/—	—/—
2-10#	1.4/1.7	1.6/1.8	1.5/—	1.6/—	1.6/—	—/—	—/—	1.6/—	—/—	1.6/—	1.6/—	—/—
2-11#	1.6/1.7	2.2/—	2.3/—	2.1/—	1.8/—	—/—	—/—	1.8/—	—/—	1.8/—	—/—	—/—
2-12#	1.7/1.8	1.6/—	—/1.9	—/—	—/—	—/—	—/—	—/—	1.7/—	—/—	—/—	—/—
2-13#	1.9/1.8	2.8/—	2.7/—	2.2/—	1.7/—	1.6/—	—/—	—/—	—/—	1.8/—	—/—	1.7/—

注：“/”前后数据分别表示 2013 年 2 月和 2014 年 1 月实测水温；“—”表示该点未测或井不在该距离范围。

3.2.3 融冰井后明渠沿程水温变化规律

根据 2013 年 2 月红山嘴电站各融冰井后明渠沿程水温观测数据，得到二级引水渠道各融冰井控制段沿程水温变化规律(图 3.3)。

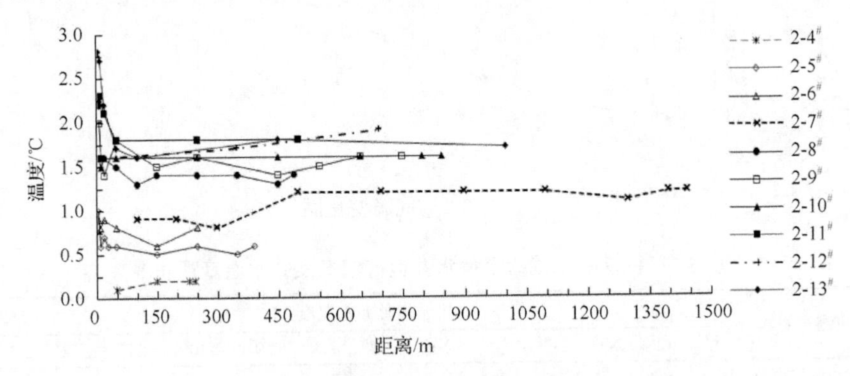

图 3.3 抽水融冰试验井后沿程渠水温度变化图

由图 3.3 可知，在处于运行状态的融冰井(2-5#、2-6#、2-8#、2-9#、2-10#、2-11#和 2-13#)井后明渠水温得到显著提高，但在井后约 30～50m 范围内，水温急剧下降，并产生较大波动；超出井后 30～50m 范围后，水温下降不明显，虽然波动依然持续，但相对平缓。分析其原因，是由于运行状态的水井出口处水温较高，达到 10℃左右，当井水与渠水混掺后，较高温度的井水会迅速将热量传递给较低温度的渠水，使渠水温度明显改善，在井后 5m 附近，最高渠水温度接近 3.0℃，但渠水流量($50m^3/s$ 左右)远大于单井流量($0.14m^3/s$ 左右)，随着距离增加，平均渠水温度会急剧下降。然而井水和渠水的掺混及渠水与外界的热交换过程并不能在短时间、短距离内完成，因此渠水水温的波动要持续很长距离，只是在短距离内波动明显，长距离后水流掺混愈加充分，与外界进行热交换也相对稳定，水温波动比较平缓。未工作的融冰井(2-4#、2-7#和 2-12#)井后明渠水温波动不大，总体呈上升趋势。

该现象表明，工作状态的融冰井处的较高水温不仅随水流的掺混对下游明渠水温影响显著，对上游也存在热转导效应，但影响不再明显。

3.2.4 水井前后 5m 附近明渠水温变化规律

根据 2013 年 2 月和 2014 年 1 月各融冰井出水口前后 5m 附近处的明渠水温数据，得到二级引水渠道水温沿程变化规律如图 3.4 所示。

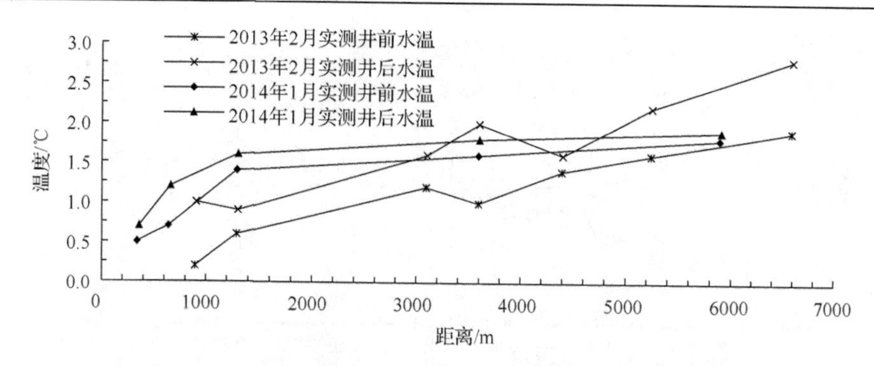

图 3.4　抽水融冰试验井前和井后 5m 附近明渠水温沿程变化图

根据图 3.4 可知，两次抽水融冰原型试验观测得到的明渠沿程水温均呈上升趋势，且井后 5m 附近渠水温度明显高于井前，最大差值可达 1.0℃。两次原型观测时，各有 7 口融冰井运行(具体运行情况见表 3.1)，井水温度基本一致，均为 10℃左右，气象条件基本相同，外界气温仅相差 1.6℃，然而，观测结果显示两次试验融冰井前后渠水温度变化规律相差较大，分析其原因，是由于融冰井运行方式不同导致。

2013 年 2 月进行原型观测时，引水渠道上游的 4 口融冰井(2-1#、2-2#、2-3#和 2-4#)均未工作，仅下游 7 口融冰井(2-5#、2-6#、2-8#、2-9#、2-10#、2-11#和 2-13#)处于运行状态，2-5#融冰井上游渠道水温仅为 0.2℃，由此导致融冰井运行后渠道水温明显升高，到 2-13#井时，井前、后 5m 附近水温达到最高，分别为 1.9℃和 2.8℃。2014 年 1 月开展原型观测时，引水渠道上游 5 口融冰井(2-1#、2-3#、2-4#、2-5#和 2-6#)均处于工作状态，而下游仅有 2 口融冰井(2-10#和 2-12#)处于运行状态，上游水温在 2-3#井前 10m 附近就已达到 0.5℃，经过 2-4#、2-5#和 2-6#融冰井水的连续升温作用，渠水温度得到明显改善，井后水温达到 1.5℃以上，虽然下游仅保留 2 口融冰井工作，但渠水温度依然可以持续缓慢增长，至 2-12#融冰井时，井前后 5m 附近水温达到最高，分别为 1.8℃和 1.9℃。

综上所述可知，当融冰井运行的数量一定时，融冰井的布置方式和工作制度将会对渠水温度产生显著的影响。

3.2.5　引水渠道沿程水温变化规律

根据原型观测引水渠道的水温数据，得到水电站二级引水渠道沿程水温变化规律(图 3.5)。

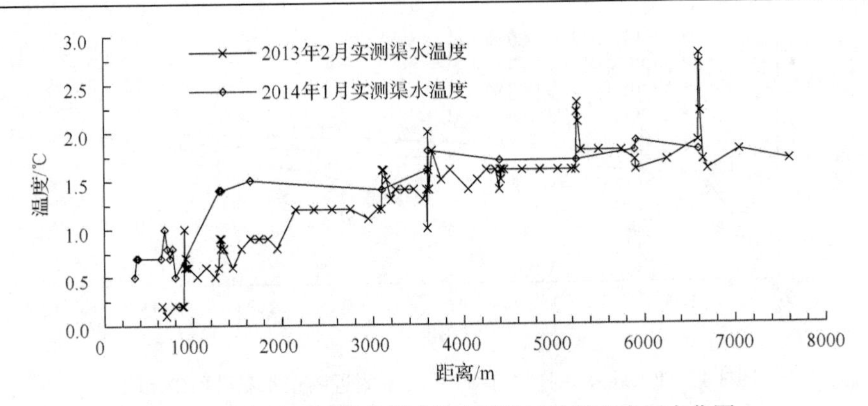

图 3.5 水电站二级引水渠道抽水融冰试验沿程水温变化图

由图 3.5 可以看出，两次原型观测试验结果均表现出明渠水温上升的现象，但由于融冰井运行方式不同，渠道水温沿程变化有所差异。当明渠上游融冰井运行数量较多时，上游渠道水温波动较大，而下游则水温变化较为平缓；反之，当下游融冰井运行数量较多时，上游水温变化不大，而下游渠道水温波动剧烈。

从以上分析可知，两次抽水融冰试验均可使明渠水温得到显著改善，能够满足寒区水电站冬季运行发电的要求。但观测数据表明，当外界气温不是特别低，且融冰井工作数量一定时，尽量保证引水渠道上游有较多融冰井工作，这样不仅可以迅速提升引水渠道上游水温，也可使两种不同温度的水流充分掺混，将流入渠道的冰凌尽早融化，以保证在气温发生变化时，水电站依然能够稳定运行；但当遇到降雪天气时，各段明渠水温都会受降雪影响而降低，如果融冰井工作数量一定，再采用上述方案会使工作状态间隔较远的融冰井段的明渠水温偏低，甚至出现再次结冰情况，此时应保证整个明渠段两岸水井均匀交错运行，这样才能保证低温降雪天气下水电站的稳定运行。

图 3.6 给出了融冰井前后渠水温度变化，可以看出，融冰井水水温基本为 10℃左右，远高于水的冰点 0℃，可以保证提高渠道水温及融冰的效果；2-5#融冰井井水注入前渠道水温已经低至冰点 0℃左右，5#融冰井观测时的气温为−3.0℃，如果没有融冰井水注入，渠道可能将在寒冷气温下逐渐产生冰花。从图 3.6 混合后渠道水温可以看出，所有混合后水温均高于 0℃且均比混合前渠道水温高出 0.1～0.3℃，说明抽水融冰对于渠道水体增温效果明显。由图 3.6 还可以发现，渠道水温沿程逐渐升高，且井前水温和井后水温表现出相似的变化趋势，由此表明融冰井水的连续注入具有累计加温的效果，同

时也表明此时抽水融冰井的增温融冰能力有富余。

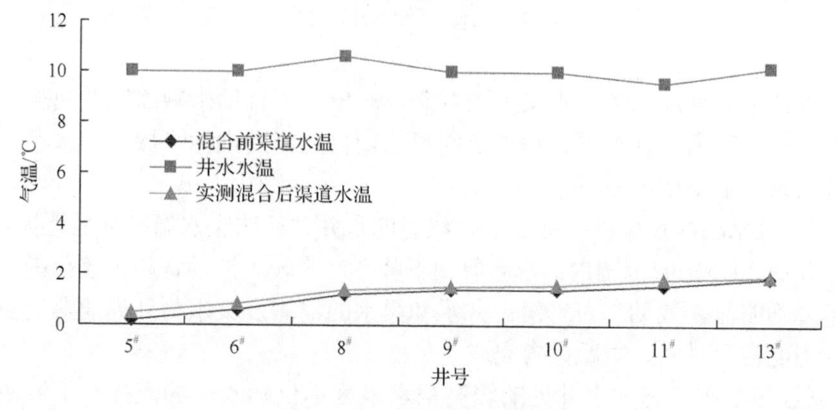

图 3.6　融冰井前后渠水温度

图 3.7 给出了融冰井水注入后至下一个融冰井之间渠道水温变化过程，表示混合后的渠道水温在流向下一个融冰井前水温因气温的影响变化的过程。从图 3.7 可以看出：井水注入后渠道沿程水温均在 0.5～2.8℃，高于 0℃，渠道不会形成冰花，更不会结冰形成冰盖；对于每个抽水融冰井控制的引水渠道段，10℃左右的融冰井水注入后，高温井水与低温渠水混合，渠道水温迅速升至 0.9～2.8℃，随后渠水温度短距离内骤降，而后渠道下游水温沿程缓慢降低，直至到达下一口融冰井位置，渠道水温再次升高、骤降，然后受外界影响沿程降低。由于起始水温及融冰井控制段距离不同，控制段内水温沿程降低幅度有所差异，水温与气温温差越大，且控制段距离越远，沿程水温降低幅度越大。

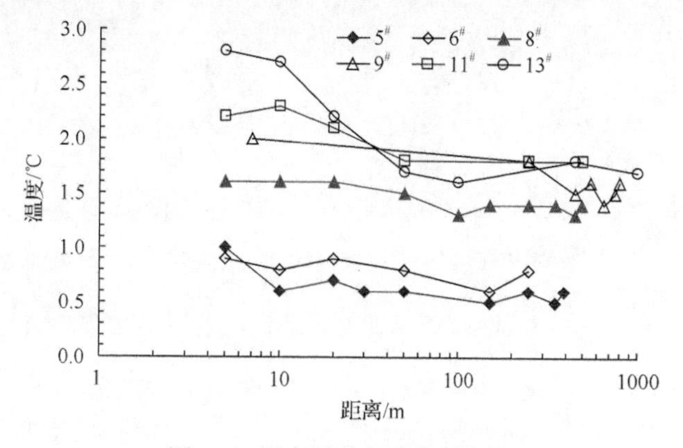

图 3.7　引水渠道水温沿程变化

3.3 本章小结

以红山嘴电站二级引水渠为主要研究对象，结合抽水融冰原型观测试验结果，分析渠水与井水混合后渠道水温的变化过程及规律，探讨抽水融冰的运行效果。主要结论如下：

(1) 抽水融冰试验中，处于运行状态的水井井后明渠水温得到显著提高，但在井后 30～50m 范围内，水温急剧下降并产生较大波动，超出该范围后水温下降不明显，波动相对平缓；井水和渠水的混掺及渠水与外界的热交换过程并不能在短时间、短距离内完成。

(2) 在工作状态的水井处的较高渠水温度不仅随水流的混掺对下游明渠水温影响显著，对上游也进行热传导，但影响不明显；对于同一条引水渠道，当处于运行状态的水井数量一定时，水井的布置方式和工作次序对整个明渠的水流温度产生显著影响。

(3) 虽然两次试验明渠末端水温相差不大，都在 1.5℃左右，但针对不同的气候条件时，水井的运行制度至关重要。

第 4 章　抽水融冰概化水槽试验

所有的科学理论都需要通过实践来加以验证其可靠性，在整个抽水融冰技术研究过程中，除了对电站引水渠道进行原型观测试验外，还同时开展了渠道水温沿程变化的概化水槽试验，以模拟电站引水渠道抽水融冰运行中沿程水温的变化，并获得其物理规律的定量认识。试验在石河子大学水利建筑工程学院水工实验场室外大厅进行，包括未注井水、单井注水、双井注水和多井注水条件下的水槽试验，得到了各种条件下不同抽水流量、渠水流量等工况下的沿程水温变化规律等。

4.1　试验平台搭建

概化水槽试验在石河子大学水利建筑工程学院水工试验室外大厅进行，室外大厅冬季温度只要低于 0℃就可以进行试验，而新疆石河子市每年冬季温度低于−10℃均超过 100 天，所以融冰水槽试验完全可行。

试验场地占地面积 8.5m×22m，模型按照红山嘴电厂二级引水渠实际尺寸设计，设计平面比尺 1∶20，模型水渠总长度为 77m，共设计 3 个弯道，纵坡为 1∶1000。设计的水槽模型结构如图 4.1 所示，图 4.2 为实际修建好的水槽。

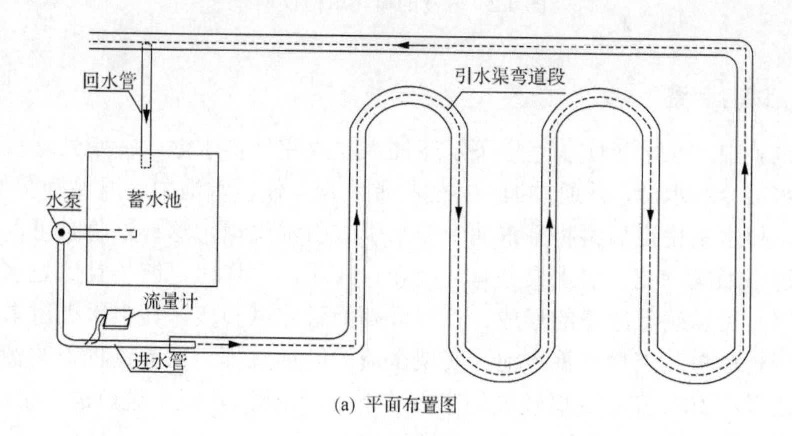

(a) 平面布置图

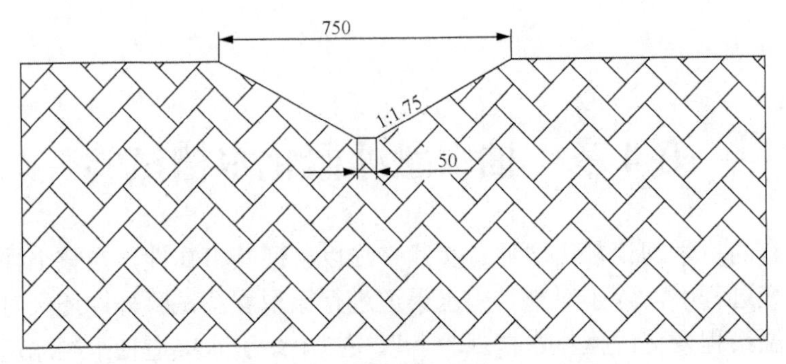

(b) 引用渠道横断面图

图 4.1　模型结构示意图

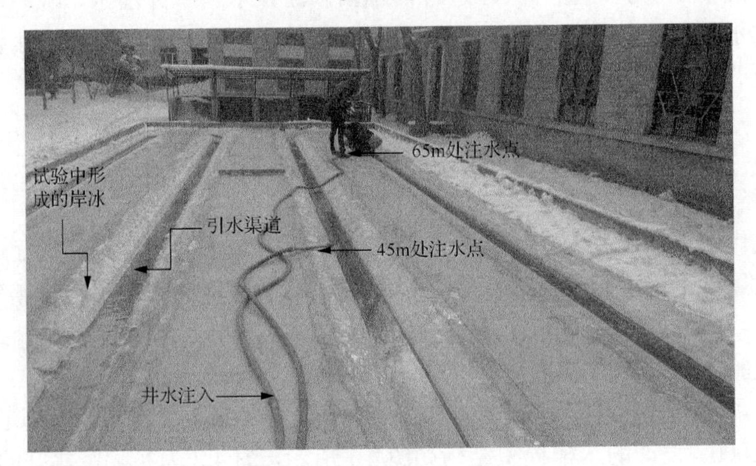

图 4.2　修建的概化水槽模型

4.1.1　试验装置

试验中，从水工实验室地下水库抽水注入室外蓄水池，使室外蓄水池成为引水渠冷水水源，并通过加入冰雪控制水温，使蓄水池中水温保持在 1.0℃左右，待水温稳定后再将蓄水池中的水引入引水渠道，这样试验时可以在引水渠道中形成冰花。引水渠分弯道段和直线段，弯道段足够长且此处水流流速较缓，可以确保冰花的形成，直线段则为融冰试验段。在引水渠道末端出水口用管道将其连接至蓄水池，实现水流的循环过程。试验过程中的融冰井水直接采用 10℃左右温度较高的室内地下水库水源。水流由进口进入渠道后，水温沿程逐渐降低，在到达第一个弯道段时，由于弯道段流速较低，冰花基本在此处开始形成。

4.1.2　试验方案

1. 沿程水温试验

试验的目的，主要是研究渠道内未注入井水和注入井水两种情况下，引水渠道沿程水温的变化情况。主要变化参数为引水渠渠水流量 $Q(Q_1 \sim Q_4)$、井水流量 $q(q_1 \sim q_3)$、井水注入位置 $P(P_1 \sim P_4)$，试验组次如表 4.1 所示。未注入井水试验主要测取在没有外界能量注入情况下，引水渠道不同流量下水温的沿程变化规律；注入井水试验主要测取在有外界能量注入情况下，引水渠渠水不同流量、井水不同流量及不同井水注入位置等情况下的水温沿程变化规律。注入井水试验又分为单井注水、双井注水及多井注水三种情况，单井注水主要指每次试验只有一口融冰井向渠道内注水，双井注水指每次试验有两口融冰井同时向渠道内注水，同理，多井注水指每次试验有多口融冰井同时向渠道内注水。井水流量依据实际工程流量按照模型比尺计算，分别为 0.06L/s、0.12L/s 和 0.18L/s。

表 4.1　试验组次安排

名称	注水条件	引水渠道流量 Q/(L/s)	井水流量 q/(L/s)	井位置 P_i/m
沿程水温试验	未注井水	0.25,0.5,0.75,1.0	—	—
	单井注水		0.06, 0.12, 0.18	17, 32, 45, 65
	双井注水	0.5,0.75,1.0	0.06, 0.12, 0.18	(17, 32), (17, 45), (17, 65), (32, 45), (32, 65), (45, 65)
	多井注水		0.06, 0.12, 0.18	(17, 32, 45), (17, 32, 65) (17,45,65), (32, 45,65)
冰花密度及冰水合流速试验	单井注水	0.25,0.5,0.75,1.0	0.06, 0.12, 0.18	17, 32, 45, 65

水温沿程变化试验具体步骤如下：

(1) 设置断面。试验过程中，引水渠道共设置 16 个测量断面。从渠道进水口开始，直线段内每 4m 设置一个断面，弯道段与直线段交界处设置一个断面。此外试验模型共布置 4 个注水点，结合模型比尺计算注水点位置，取进水口断面为 0+0m，则融冰井水注入点桩号分别为 0+17m、0+32m、0+45m 和 0+65m。

(2) 未注井水试验。通过调节电磁流量计及阀门控制渠道进水口的流量 Q，待整个引水渠道内水流稳定后，开始试验数据测量工作。首先在进水口处对渠道入流水温进行测量，并核验是否满足试验要求(要求入流水温为 1.0℃左右)，若满足则进入下一阶段测量工作，不满足则调整蓄水池水温；若水温偏高则加入冰雪使温度降低，反之则加入室内温度较高水流使温度升高。入流水温满足要求后，根据所设定的测量断面，对各断面进行渠水水温测定，渠道全部断面测量完成后，重新校核渠道进口入流水温是否发生变化，水温未发生变化则表示试验完成，记为 1 个试验组次。然后调整引水渠道流量 Q，重复上述步骤，进行下一组试验。

(3) 注入井水试验。当渠水流量 Q 一定时，确定融冰井水注入位置 P，通过调整融冰井水注入流量 q，待渠道内水流稳定后，同时测量渠道入流水温和融冰井水温，并核验是否满足试验要求，若满足则进入下一阶段测量工作，不满足则调整蓄水池和融冰井水温；渠道水温和融冰井水温均满足试验要求后，根据所设定的测量断面，对各断面进行渠水水温测定，渠道全部断面测量完成后，重新校核渠道进口入流水温和融冰井水注入水温是否发生变化，水温未发生变化则表示试验完成，记为 1 个试验组次。然后调整渠水流量 Q、融冰井水流量 q 或融冰井水注入点位置 P，重复上述步骤，进行下一组试验，试验组次详见表 4.1。抽水融冰概化水槽试验如图 4.3 和 4.4 所示。

(a) 温度计布设情况　(b) 测量水温

(c) 布置注水井　(d) 测量水位

图 4.3　渠水水温测量

双井注水和多井注水的试验方法和步骤与单井注水类似，仅融冰井的注入点增多，且存在不同融冰井注入点的组合工况。

(a) 水源情况

(b) 测量水温

(c) 布设注水井

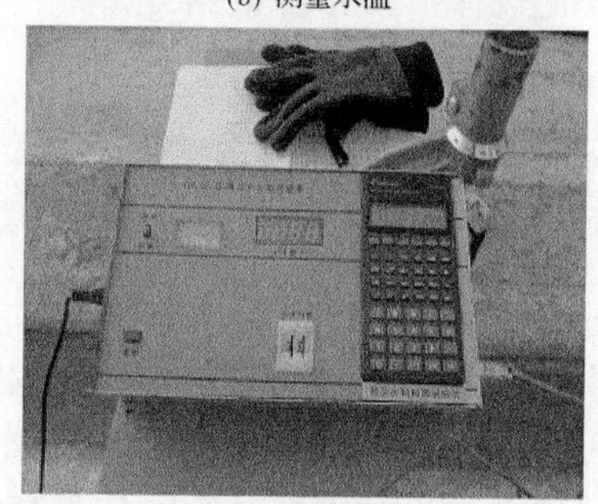

(d) 测量流速

图 4.4　概化水槽试验现场

2. 冰花密度试验

冰花密度试验的目的是研究有无外界能量注入条件下，引水渠及融冰井流量变化对渠道内冰花消融及冰花密度的影响，并探讨其沿程变化规律。主要变化参数为引水渠渠水流量 $Q(Q_1 \sim Q_4)$、井水流量 $q(q_1 \sim q_3)$，试验组次如表 4.1 所示。试验过程中，引水渠道和融冰井注水及调试过程同前文水温测量试验过程，待各项试验参数符合要求后，对各断面的冰花质量及冰水混合物体积进行测量，同时在融冰井注水点前后加设测量断面，测量结束后核验试验控制参数，确保试验数据有效。保持注水位置 P 不变，调整取水流量 Q 或融冰井水流量 q，重复测量试验。

3. 冰水合流速试验

冰水合流速试验的目的主要是研究在有无外界能量注入条件下，引水渠及融冰井流量变化对渠道内渠水流速和冰水合流速的影响，并分析其沿程变化规律。主要变化参数为引水渠渠水流量 $Q(Q_1 \sim Q_4)$、井水流量 $q(q_1 \sim q_3)$，试验组次如表 4.1 所示。试验过程中，待流量与水温等试验控制指标稳定后，进行各断面及注水点前后断面的渠水和冰水合流速的测量工作，测量结束后校核试验控制参数，然后调整流量，开展下一组次试验，具体试验过程参考前文。

4.2　水温沿程变化规律

对引水渠道抽水融冰水温变化规律进行试验研究，得到未注井水、单井注水、双井注水和多井注水 4 种情况下引水渠道水温在寒冷的气温下逐渐减小的变化规律；并结合数据分析，得到单井注水、双井注水和多井注水后渠水水温变化计算公式。

4.2.1　无井水注入

1. 水温沿程变化规律

影响引水渠道水温的主要外界因素有气温、相对湿度、风速等，这 3 个影响因素的影响程度各不相同，气温对水温的影响最大。气温对水温的影响主要体现在与水体表面进行的热量交换，一般来说气温与水温呈正相关趋势；在气温影响下，水流流经的距离越长，它与冷空气所进行的热量交换也就越多，对应水温将随着流程逐渐降低。

在未注井水时，测得不同渠水流量下渠水水温的变化情况，主要是气温与渠道水流的热交换结果。图 4.5 给出了寒区不同渠水流量对应下渠水水温的变化情况，由于试验所处位置固定在很小范围内且试验时间很短，所以认为试验过程中相对湿度、风速等外界因素不发生变化，在分析渠水的水温变化规律时将不考虑相对湿度、风速等外界因素的影响。

从图 4.5 可以看出，在气温、相对湿度、风速等外界因素不变情况下，由于气温明显低于渠水温度(试验时外界气温为−9℃)，所以渠水水温在低气温等条件影响下，温度逐渐降低；在 Q=1.0L/s，对应流程为 80m 时，水温由 8.25℃下降为 6.6℃，降低了 1.65℃；Q=1.5L/s 对应水温下降了 1.2℃，Q=2.0L/s 对应水温下降了 1.1℃，Q=2.5L/s 对应水温下降了 1.7℃。可以看出，流量越小，渠水水温下降越显著：Q=1.0L/s 的渠水水温下降趋势最明显，降幅比 Q=1.5L/s 和 Q=2.0L/s 多近 1℃，平均每 4m 下降 0.1℃。所以可得出结论：当气温等外界条件不变时，渠水流量越小，渠水水温沿程下降越快。

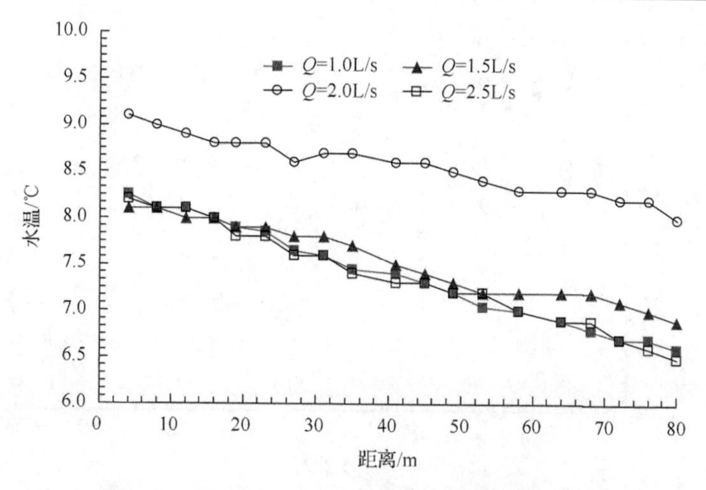

图 4.5　未注井水时不同渠水流量下水温沿程变化

2. 水温沿程变化的理论计算

在不考虑其他外界热量交换情况下，可以用下式表示渠水水温与流程的变化规律：

$$T = T_0 - a\frac{1}{1000A}L^2 \tag{4.1}$$

式中，T 为渠水水温，℃；A 为渠水断面面积，m^2；T_0 为进水口水温，℃；L 为流经的距离，m；a 为系数，根据试验结果得到 a=0.01。

将实测结果与式(4.1)计算得到的理论结果进行比较，结果如图 4.6 所示。从图4.6可以看出，理论结果与实测结果基本一致，两者最大相对误差为9.6%，最小相对误差为 0.1%，平均相对误差为 3.0%，表明采用式(4.1)计算渠道水温沿程变化的可行性。

4.2.2　单井注水

1. 水温沿程变化规律

图 4.7 为渠水流量、融冰井水流量及融冰井注水点发生变化时渠水水温的沿程变化规律。由图 4.7 可知，渠水水温沿程变化大致可分为 3 部分，下

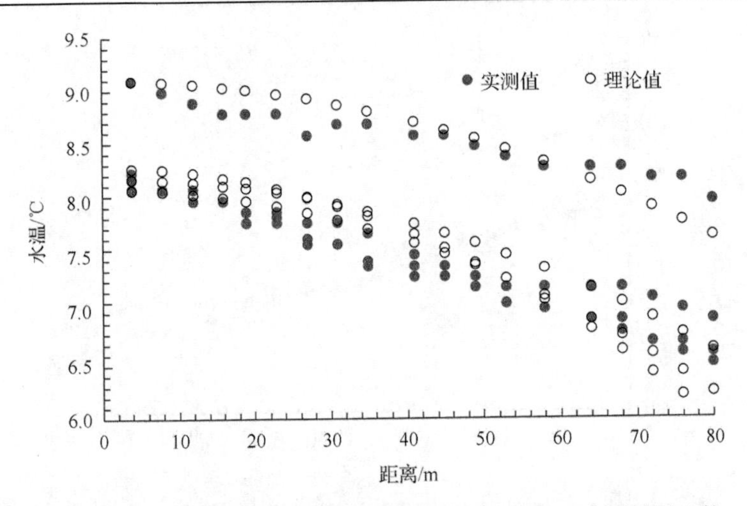

图 4.6　无井水注入条件下渠道水温沿程变化的理论和实测结果比较

降—上升—再下降。第 1 部分，在外界低气温的影响下，渠道水体热量不断散失，在注水点前，渠道水温均表现沿程下降趋势，该变化规律不受渠道流量影响。除此之外可以发现，图 4.7(a)、图 4.7(b)、图 4.7(c)、图 4.7(d)的水温最大降幅分别为 0.2℃、0.3℃、0.4℃和 0.6℃，即在无外界热量注入条件下，当注水位置越远，水温下降幅度越大，发生冰害的概率越高。第 2 部分，由于高温融冰井水的注入，渠道水温迅速升高，进入升温段，由此表明井水的注入对渠道水温具有明显增温效果。第 3 部分，融冰井水与渠水充分掺混扩散后，渠道水温再次进入下降阶段。

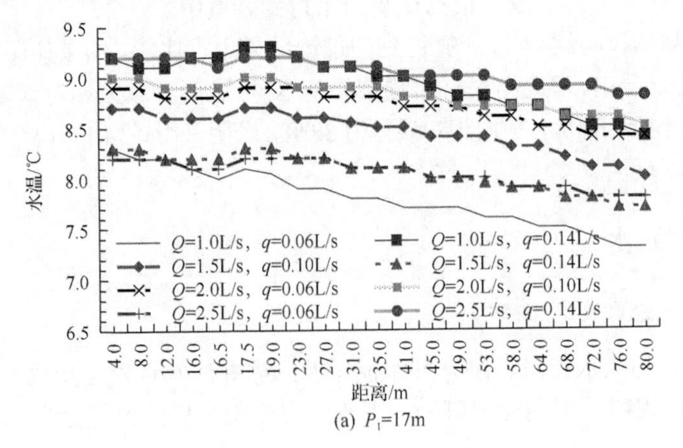

(a) P_1=17m

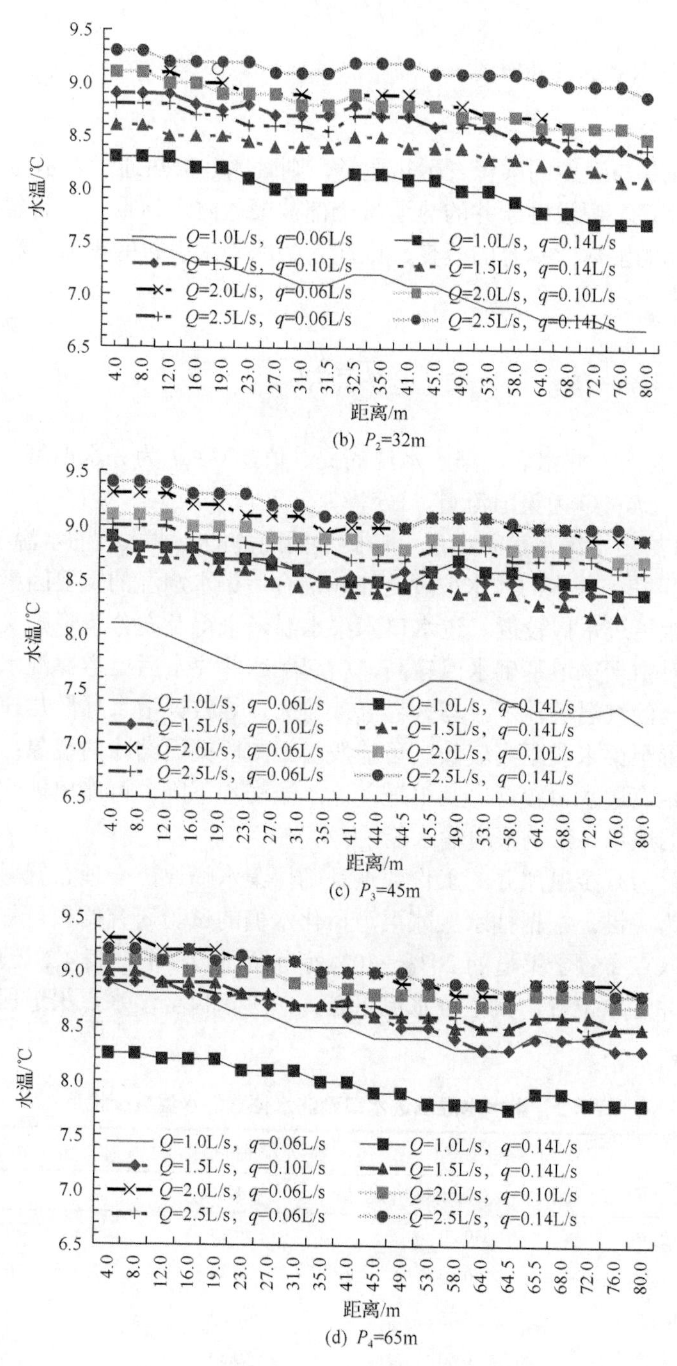

(b) P_2=32m

(c) P_3=45m

(d) P_4=65m

图 4.7　不同渠水流量和不同井水流量对应渠水的水温变化

2. 混合水温的理论计算

1) 理论公式

采用流量与温度的乘积表示热通量，则融冰井的热通量表示为 qt。根据热量平衡原理，假设融冰井的热通量全部被渠道内水体吸收，且忽略由于水温变化引起的水体比热容的改变，则注入融冰井水引起的渠道水温变化量可近似表示为

$$\Delta T = \frac{q}{Q}t \tag{4.2}$$

式中，ΔT 为注入井水后，渠水水温的提升值，℃；t 为井水温度，℃；q 为井水流量，L/s；Q 为渠道流量，L/s。

表 4.2 给出了渠水水温由进水口到不同距离的注水点时的水温下降幅度，由表 4.2 可知，井水的注水位置是影响混合后渠水水温的重要因素之一，若注水位置距离进水口较近，进水口入渠水温未来得及充分下降则又进入升温阶段，此时由于渠道基础水温较高，引起融冰井注水后渠道掺混水温相比较高，在相同的气温条件下，与外界温差较大，导致渠道水体散热速率加快，而注水位置至渠末段距离较长，可能发生渠末段渠面结冰的现象；若融冰井注水位置距离进水口较远，则渠道入流水温沿程下降，可能出现注水点位置上游结冰的现象，影响渠道输水能力。

因此，为减少融冰井的工作数量且确保渠水畅通，合理布置融冰井水注入位置尤为关键。根据抽水融冰渠道概化水槽的试验研究结果可知，首个融冰井水注入点布置于渠道的 20%～30%处为优。此外，根据表 4.2 还可以发现，相同融冰井注水位置，渠道进水流量越大，进水口至注水点渠道段水温下降幅度越小。

表 4.2　渠水水温从进水口到注水位置的水温减少幅度

位置	水温下降幅度/℃		
	0.06L/S	0.10L/S	0.14L/S
进水口到 P_1	0.20	0.15	0.10
进水口到 P_2	0.40	0.40	0.30
进水口到 P_3	0.65	0.50	0.45
进水口到 P_4	0.60	0.50	0.45

根据邹振华等(2011)提出的温度率计算公式：

$$\eta = \frac{T_{i+1} - T_i}{T_i} 100\% \tag{4.3}$$

式中，η 为温变率；T_i 为第 i 个位置的渠水水温，℃；T_{i+1} 为 i+1 个位置的渠水水温，℃。

根据式(4.3)计算得出，当井水流量分别为 0.06L/s、0.12L/s 和 0.18L/s 时，其温度上升率分别为 23.8%、34.8%和 36.4%，即注入的井水流量越小，渠水水温上升的幅度相对就小；注入的井水流量越大，渠水水温上升的幅度相对就大。

结合式(4.1)和式(4.2)，得到注入井水后渠水和井水的混合温度计算公式：

$$T_A = T + \Delta T_1 = T_0 - a\frac{v}{1000Q}L^2 + \frac{q}{Q}t \tag{4.4}$$

式中，T_A 为注入井水后，注水点处渠水和井水的混合温度，℃；v 为断面水流速，m/s。

结合上述规律，当单井注水时，根据试验结果可以拟合得到注水点至渠末的沿程水温计算公式为：

$$T_B = -\left[\frac{0.0005v + v_q}{1000(Q+q)}\left(L - P_i\right)^2\right] + T_A \tag{4.5}$$

式中，T_B 为单井注水时，从注水点至渠末的水温，℃；v_q 为井水断面平均流速，m/s，由 $q/\pi r^2$ 得出，其中 r 为井管半径，试验中为 r=0.02m；P_i 为注入进水的位置，m。

2)理论值与实测值对比分析

为验证式(4.5)的准确性，分别开展了不同渠水流量和融冰井水注入流量工况的水温测试试验，不同工况下试验结果与理论结果对比如图 4.8～图 4.10 所示，实测水温与理论计算水温整体吻合较好，具体分析如下。

图 4.8 是渠水流量为 1.0L/s，不同融冰井水注入流量时，实测结果与理论结果对比情况。图 4.8(a)为融冰井注水点位置位于桩号 0+17.0m 时试验值与理论值对比情况，最大相对误差为 9.7%，发生在注水流量为 0.12L/s 工况，最小相对误差为 0.3%；图 4.8(b)为融冰井注水点位置位于桩号 0+32.0m 时试

验值与理论值对比情况，最大相对误差为 6.45%，发生在注水流量为 0.06L/s 工况，最小相对误差为 0.1%；图 4.8(c) 为融冰井注水点位置位于桩号 0+45.0m 时试验值与理论值对比情况，最大相对误差为 8.5%，发生在注水流量为 0.12L/s 工况，最小相对误差为 0.1%；图 4.8(d) 为融冰井注水点位置位于桩号 0+65.0m 时试验值与理论值对比情况，最大相对误差为 2.43%，发生在注水流量为 0.18L/s 工况，最小相对误差为 0.2%。由此可见，式(4.5)计算的理论结果与实测结果吻合较好，最大相对误差为 9.7%，最小相对误差为 0.1%，在误差允许范围内，可以用于实际工程计算。

利用该公式计算出其余两个渠水流量的理论结果，得到单井注水时渠水流量为 0.75L/s 和 0.5L/s 的实测结果和理论结果如图 4.9 和 4.10。

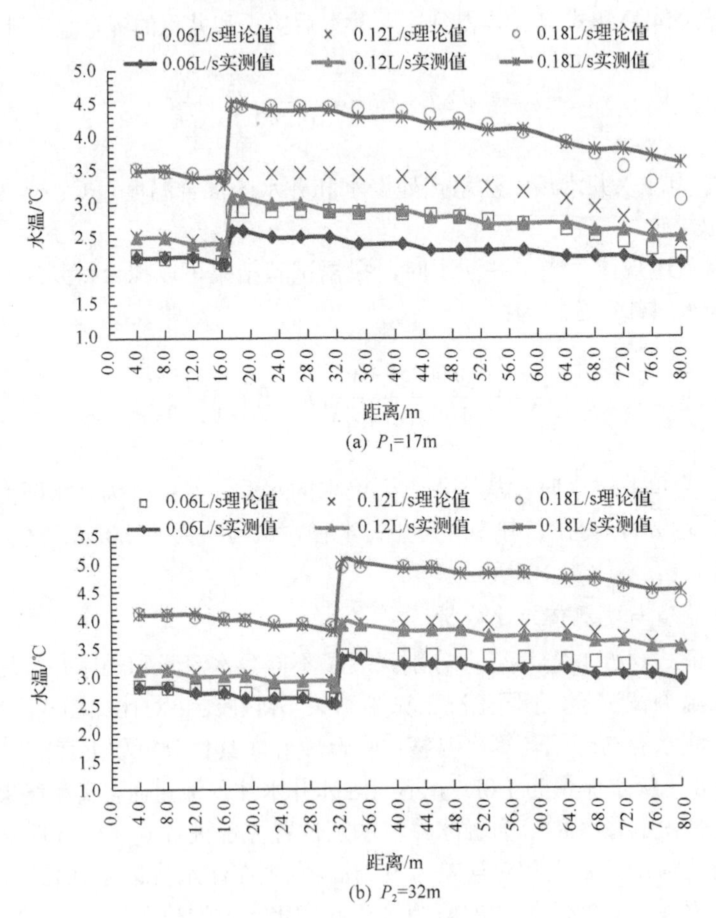

(a) P_1=17m

(b) P_2=32m

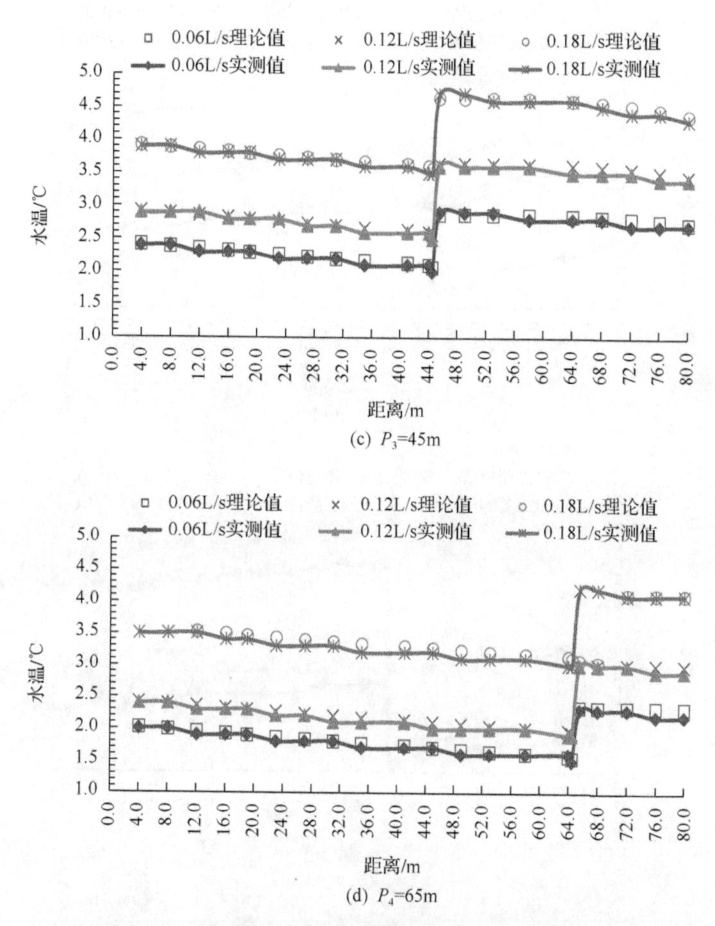

图 4.8　Q=1.0L/s 对应理论结果和实测结果的比较

在渠水流量为 0.75L/s 时，验算上述公式，得到结果如图 4.9 所示。从图 4.9 可以看出，大部分的理论结果与实测结果拟合较好。图 4.9(a)0.06L/s 的理论结果和实测结果误差较大，理论结果为 2.275℃时，实测结果为 2.1℃，最大误差为 8.34%；图 4.9(b)0.06L/s 的理论结果和实测结果存在误差，理论结果为 2.135℃时，实测结果为 2.0℃，最大误差为 6.76%；图 4.9(c)0.06L/s 的理论结果和实测结果存在误差，理论结果为 1.73℃时，实测结果为 1.2℃，最大误差为 8.13%；图 4.9(d)0.06L/s 的理论结果和实测结果有些误差，理论结果为 2.03℃时，实测结果为 2.9℃，最大误差为 7.29%。因此，图 4.9 理论结果和实测结果的最大误差为 8.34%。其余各流量的理论结果与实测结果拟合都比较好，最小误差为 0.12%，在误差允许范围内，可以用于实际工程计算。

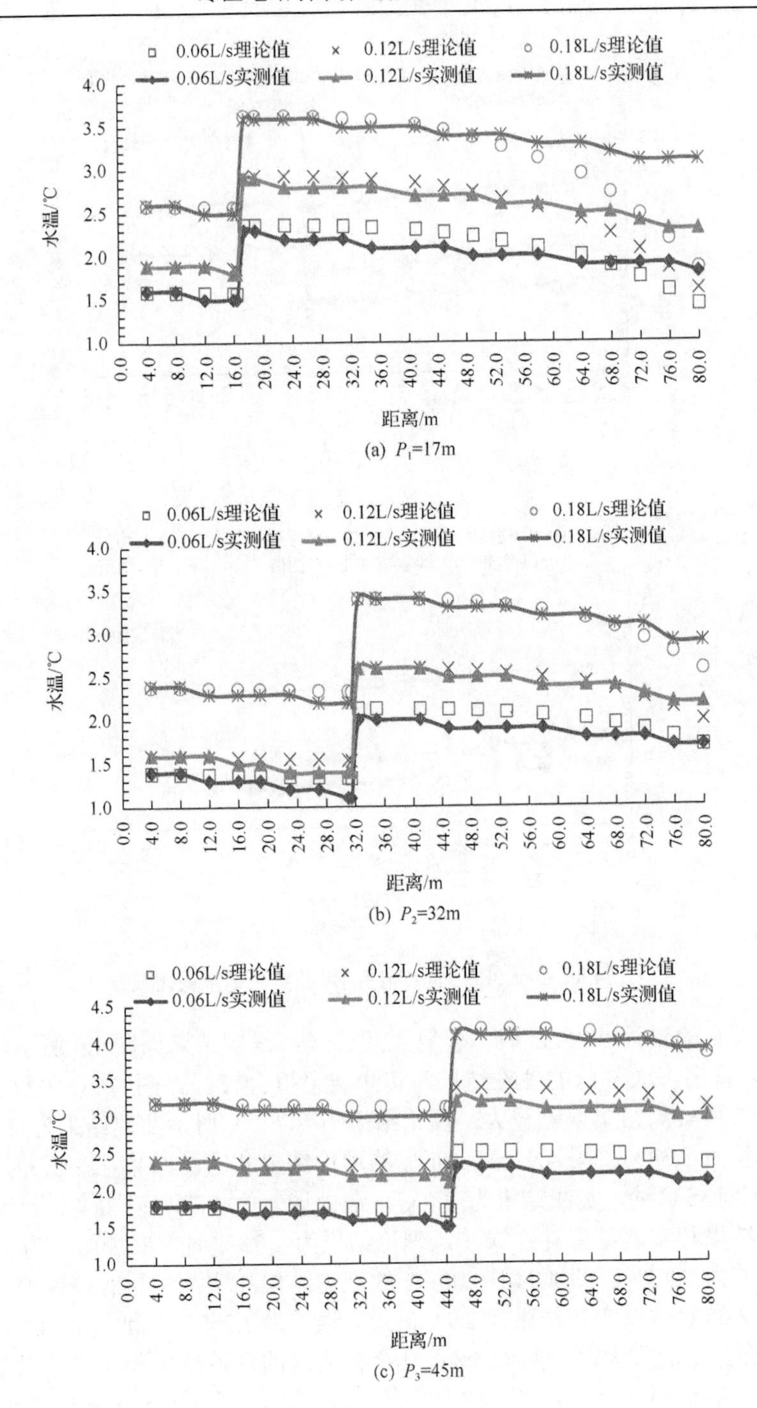

(a) P_1=17m

(b) P_2=32m

(c) P_3=45m

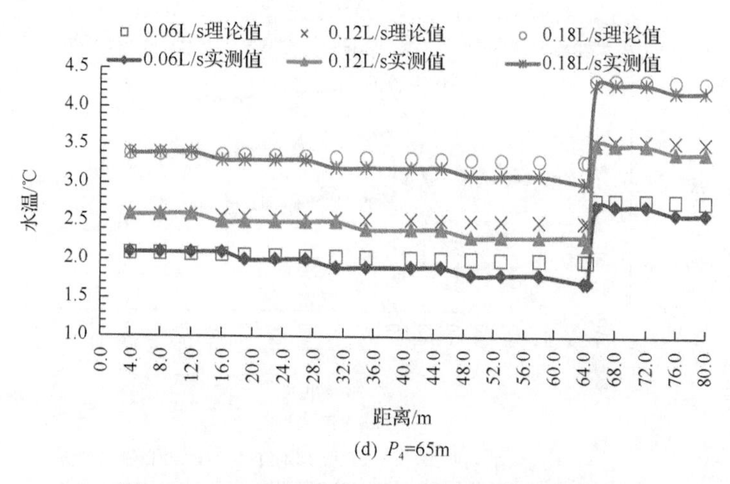

(d) P_4=65m

图 4.9　Q=0.75L/s 对应理论结果与实测结果对比

在渠水流量为 0.5L/s 时，验算上述公式，得到结果如图 4.10 所示。从图 4.10 可以看出，大部分的理论结果与实测结果都存在着一定的误差。图 4.10(a) 0.06L/s 和 0.12L/s 的理论结果和实测结果都有着较大的误差，0.06L/s 时理论结果为 1.489℃时，实测结果为 1.37℃，最大误差为 8.69%；0.12L/s 时理论结果为 2.12℃时，实测结果为 1.9℃，最大误差为 6.5%；图 4.10(b) 0.06L/s 的理论结果和实测结果有误差，理论结果为 1.833℃时，实测结果为 1.7℃，最大误差为 7.84%；图 4.10(c) 0.06L/s 的理论结果和实测结果误差较小，理论结果为 1.37℃时，实测结果为 1.28℃，最大误差为 7.03%；图 4.10(d) 0.06L/s 的理

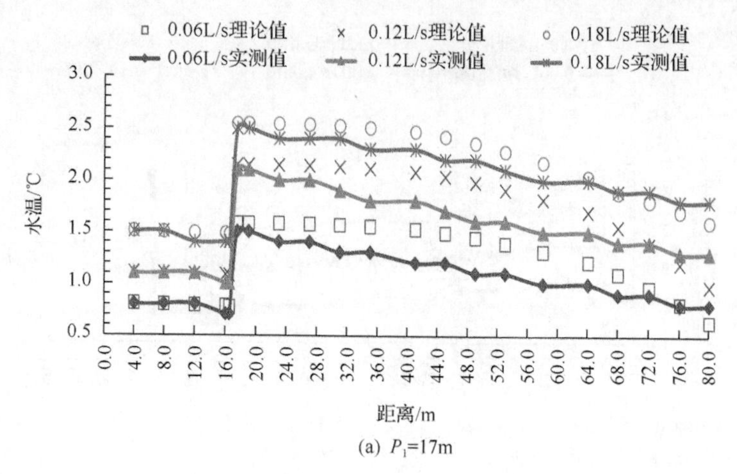

(a) P_1=17m

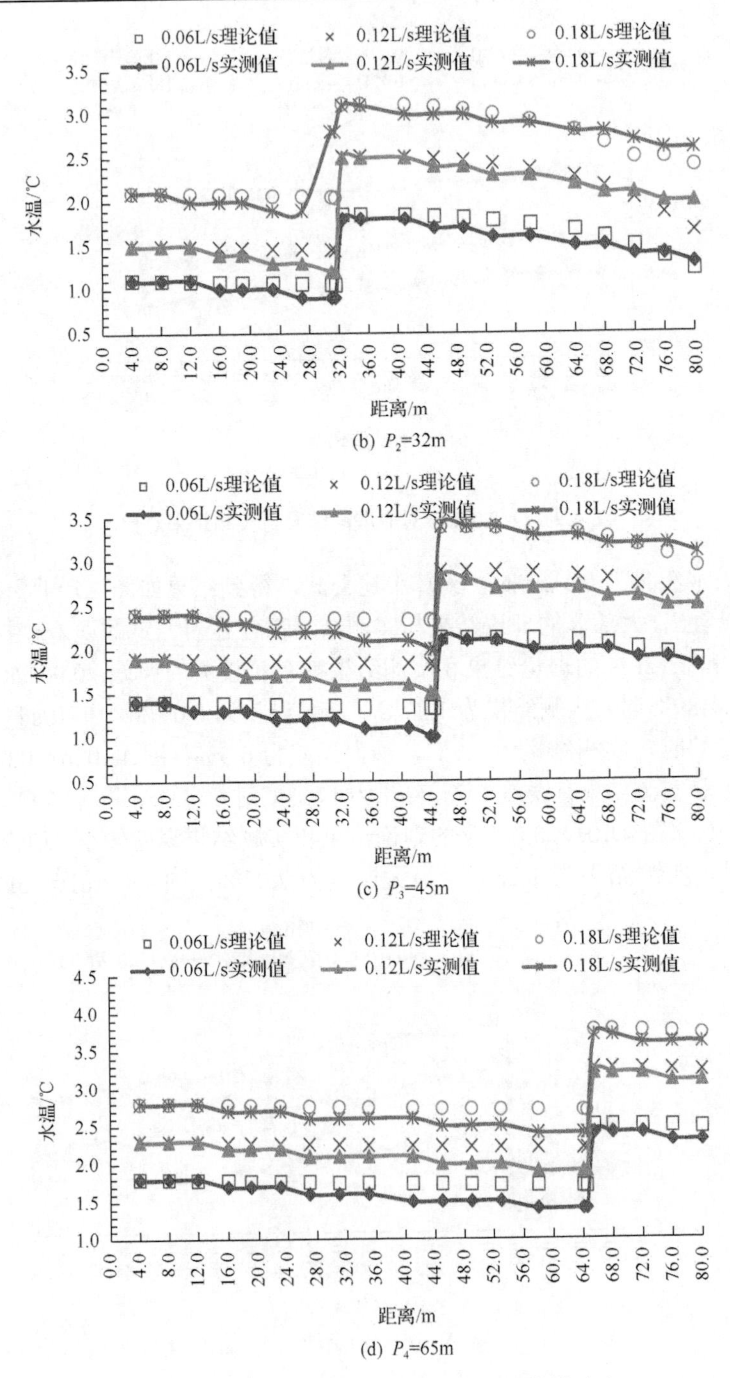

(b) P_2=32m

(c) P_3=45m

(d) P_4=65m

图 4.10　Q=0.5L/s 对应理论结果与实测结果对比

论结果和实测结果误差较大，理论结果为 1.7℃时，实测结果为 1.55℃，最大误差为 9.68%。因此，图 4.10 理论结果和实测结果的最大误差为 9.68%。其余各流量的理论结果与实测结果拟合都比较好，最小误差为 0.08%，在误差允许范围内，可以用于实际工程计算。

4.2.3 双井注水

1. 水温沿程变化规律

从单井注水试验结果可以看出，虽然井水注入渠道后有效地提高了渠水的温度，但由于布置的井口距离进水口较近，导致注水点至渠末段水温下降较快。为进一步研究融冰井优化布置方案，研究团队开展了双井注水条件下渠道沿程水温变化情况。研究中共设置 4 个注水点，选取其中 2 个注水点组合开展试验，共计 4 组工况，具体见表 4.1。

图 4.11 为不同渠水流量和不同井水流量下双井注水时渠道水温的沿程变化规律。由图 4.11 可以发现，渠道水温沿程变化可分为 5 个部分。其中前 3 个部分均与单井注水时的水温下降规律相似。而第 4 个部分为第二口井水注入引起的水温再次升高阶段，当井水流量为 0.18L/s、0.12L/s 和 0.06L/s 时，渠道水温平均升高幅度分别为 1.3℃、1.1℃和 1.0℃，其升温幅度比第一口融冰井注水引起的温升要小一些。这是由于第二口井上游流量增加，根据式(4.2)可知，注水流量和水温不变条件下，温升势必减小，由此也表明试验结果可信。

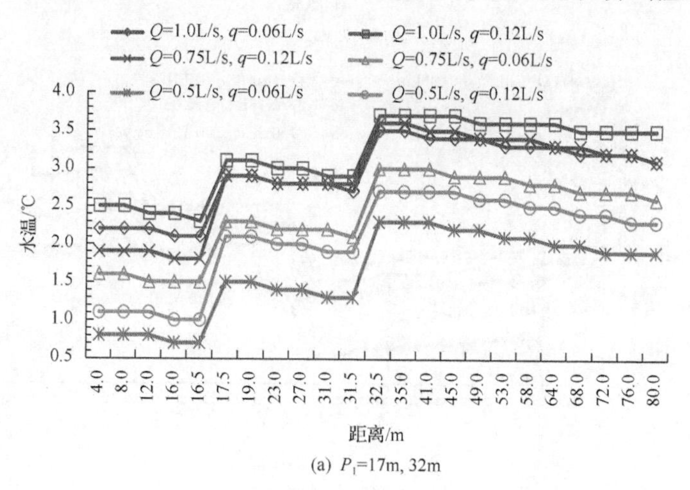

(a) P_1=17m, 32m

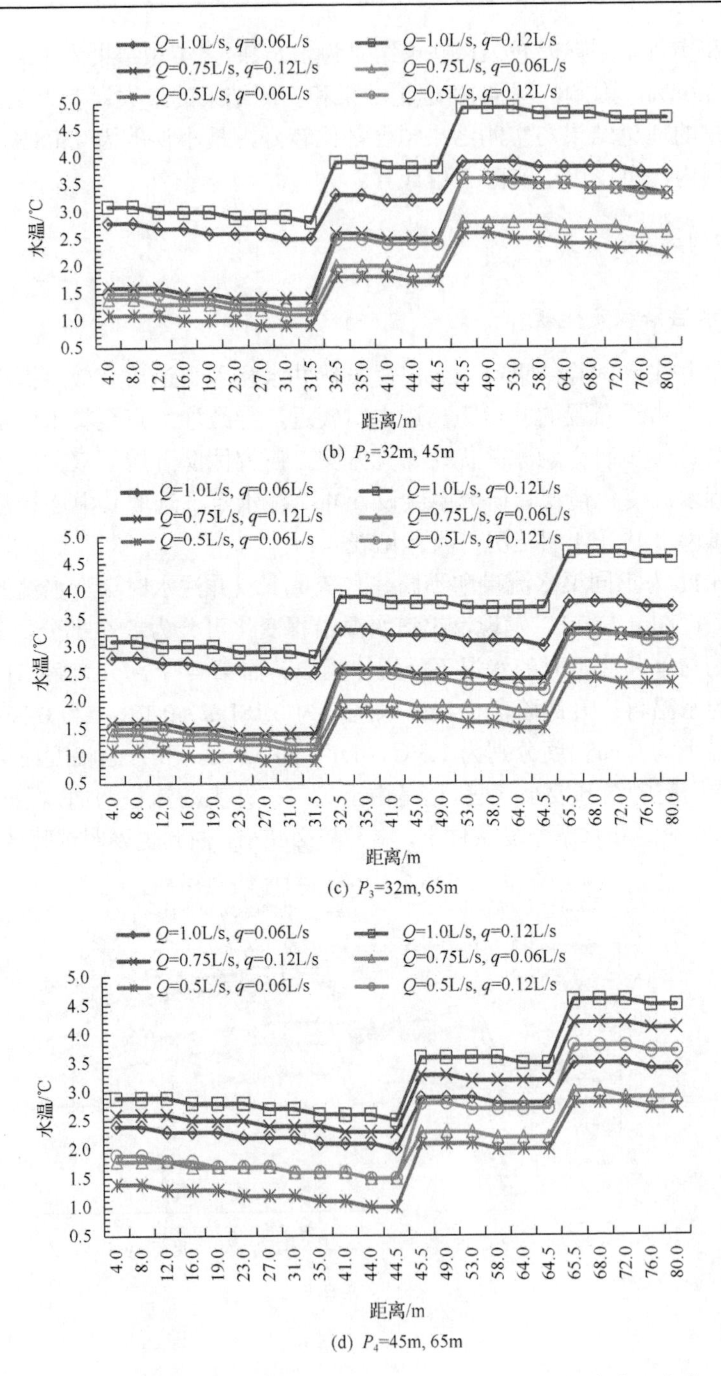

(b) P_2=32m, 45m

(c) P_3=32m, 65m

(d) P_4=45m, 65m

图 4.11　不同渠水流量和不同井水流量下双井注水时渠水水温变化

除此之外，试验结果和理论结果还表明，由于第二口融冰井引起的温升效果降低，导致该融冰井的控制距离缩短。最后一部分为末段渠道水温沿程衰减过程，与渠首段水温衰减过程相似，但对比发现，渠末段渠水平均水温明显高于渠首段的渠水水温，试验过程中平均温差达到 1.5℃左右，由此表明采用抽水融冰效果明显，采用多口融冰井注水温升效果更好，但多口融冰井的布设应结合渠道水温沿程衰减规律实施。

2. 混合水温的理论计算

根据前文无井水注入和单井井水注入渠水水温沿程变化理论，推导双井注水条件下渠道水温计算公式为

$$T_{\mathrm{C}} = T_{\mathrm{B}} + \frac{q}{Q}t - \left[0.0005\frac{v + 2v_{\mathrm{q}}}{1000(Q + 2q)}\left(L - P_{i+1}\right)^2\right] \tag{4.6}$$

式中，T_{C} 为第二个注水点至渠末的渠水水温，℃；T_{B} 为第二个注水点上游的渠水水温，℃；P_{i+1} 为第二个注水点桩号；其他符号同前。

图 4.12 是渠水流量为 1.0L/s，不同融冰井水注入流量时，实测结果与理论结果的对比情况。图 4.12(a) 为融冰井注水点位置位于桩号 0+17.0m 和桩号 0+32.0m 时试验值与理论值对比情况，最大相对误差为 5.33%，发生在注水流量为 0.18L/s 工况，最小相对误差为 0.1%；图 4.12(b) 为融冰井注水点位置位于桩号 0+32.0m 和桩号 0+65.0m 时试验值与理论值对比情况，最大相对误差为 9.26%，发生在注水流量为 0.12L/s 工况，最小相对误差为 0.1%；图 4.12(c)

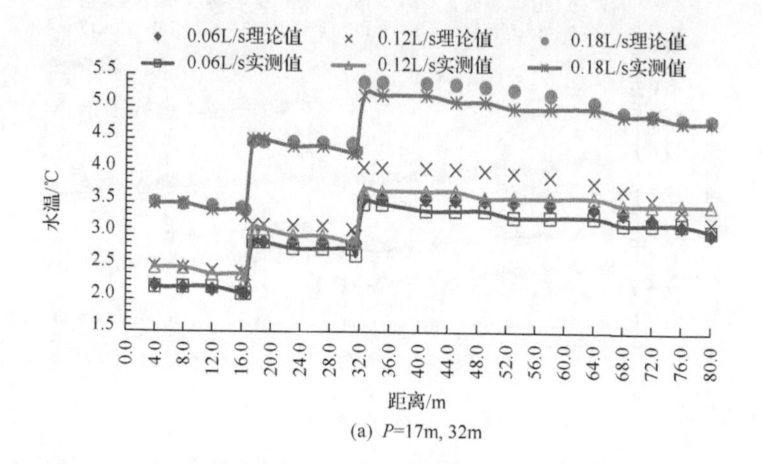

(a) P=17m, 32m

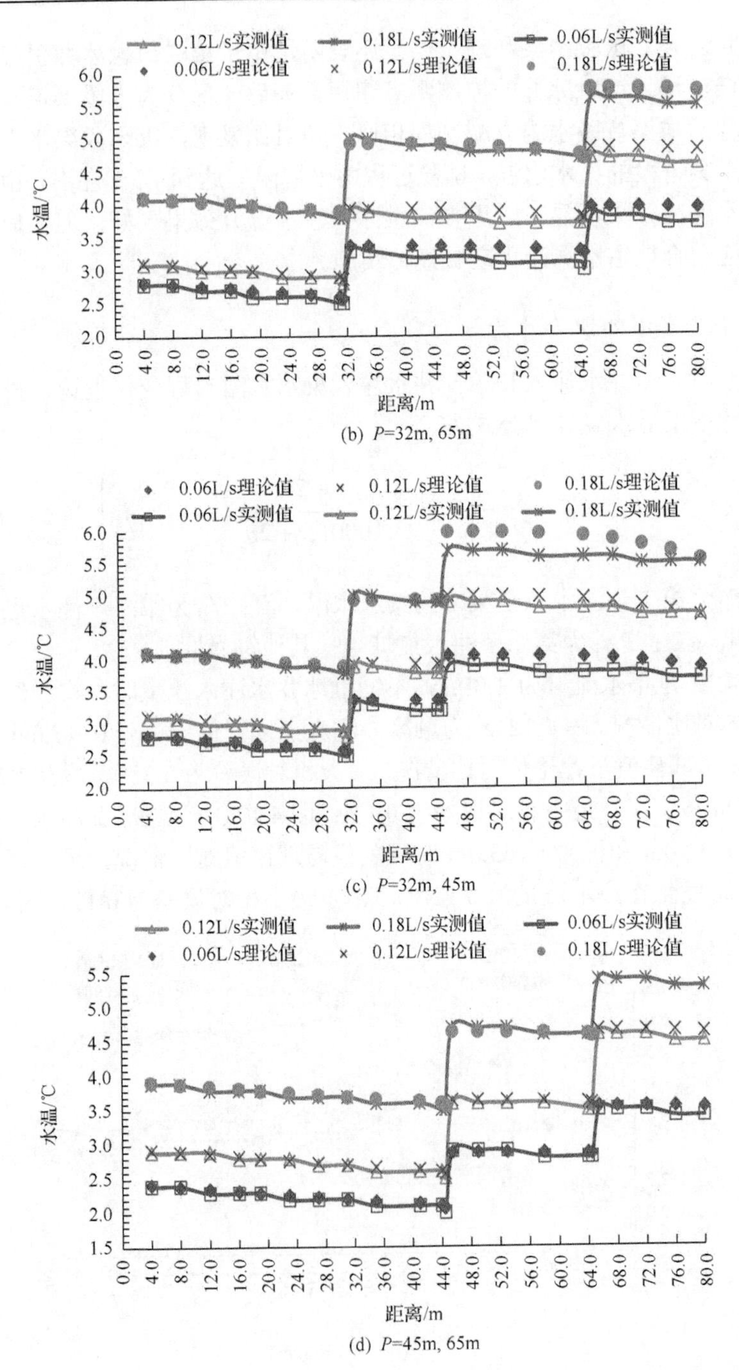

(b) P=32m, 65m

(c) P=32m, 45m

(d) P=45m, 65m

图 4.12 渠水流量为 1.0L/s，不同融冰井流量下理论结果和实测结果的比较

为融冰井注水点位置位于桩号 0+32.0m 和桩号 0+45.0m 时试验值与理论值对比情况，最大相对误差为 7.5%，发生在注水流量为 0.12L/s 工况，最小相对误差为 0.1%；图 4.12(d)为融冰井注水点位置位于桩号 0+45.0m 和桩号 0+65.0m 时试验值与理论值对比情况，最大相对误差为 5.14%，发生在注水流量为 0.12L/s 工况，最小相对误差为 0.1%。由此可见，式(4.6)计算的理论结果与实测结果吻合较好，最大相对误差为 9.7%，最小相对误差为 0.1%，在误差允许范围内，可以用于实际工程计算。

利用式(4.6)，计算出其余两个渠水流量的理论结果，得到双井注水时渠水流量为 0.75L/s 和 0.5L/s 的实测结果和理论结果如图 4.13 和图 4.14。

图 4.13 是渠水流量 Q=0.75L/s 时，不同融冰井水注入流量时，实测结果与理论结果对比情况。图 4.13(a)0.12L/s 的理论结果和实测结果的误差较大，理论结果为 3.82℃时，实测结果为 3.5℃，最大误差为 9.14%；图 4.13(b)0.12L/s

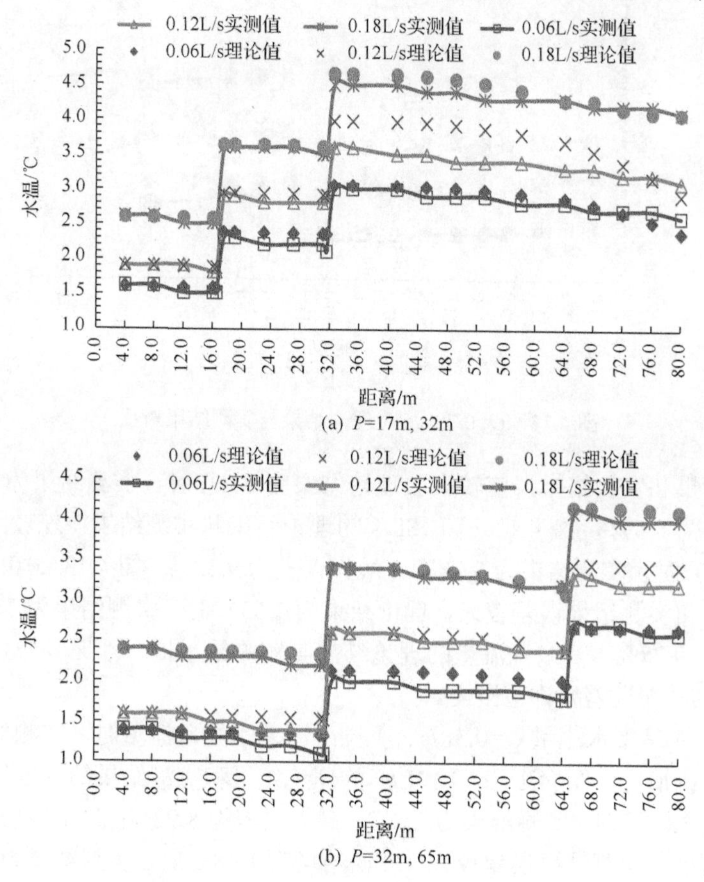

(a) P=17m, 32m

(b) P=32m, 65m

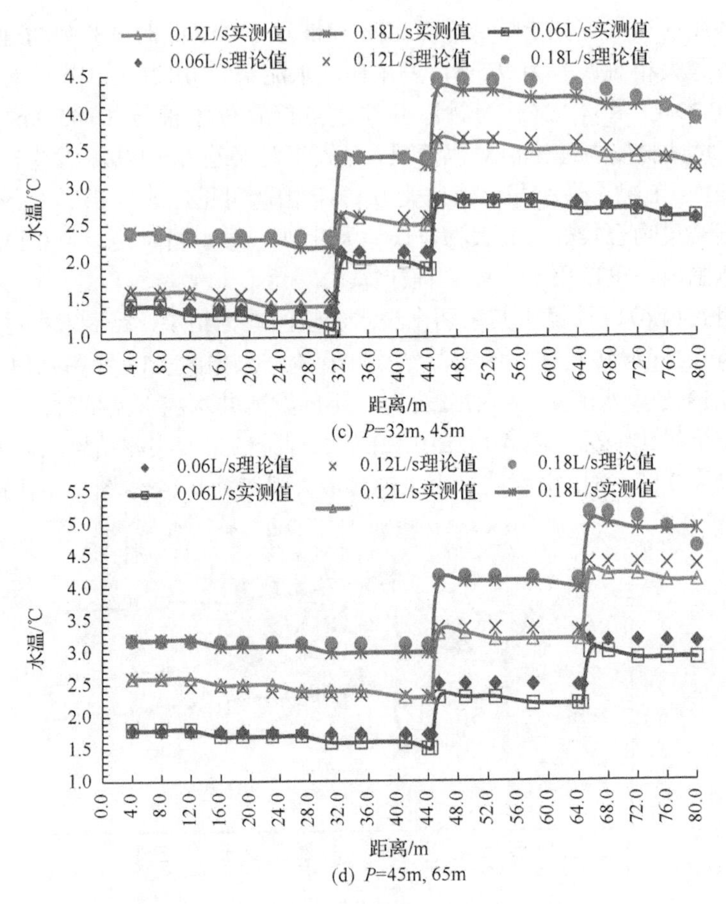

(c) P=32m, 45m

(d) P=45m, 65m

图 4.13　Q=0.75L/s 时理论结果与实测结果对比

的理论结果和实测结果误差较大，理论结果为 3.8℃时，实测结果为 3.5℃，最大误差为 8.57%；图 4.13(c) 0.18L/s 的理论结果和实测结果误差较大，理论结果为 3℃时，实测结果为 3.28℃，最大误差为 9.33%；图 4.13(d) 0.12L/s 的理论结果和实测结果误差较大，理论结果为 1.53℃时，实测结果为 1.4℃，最大误差为 9.28%。其余各流量的理论结果与实测结果拟合都比较好，最小误差为 0.1%，在误差允许范围内。

图 4.14 是渠水流量 Q=0.5L/s、不同融冰井水注入流量时，实测结果与理论结果对比情况。图 4.14(a) 0.12L/s 的理论结果和实测结果的误差较大，理论结果为 3.05℃时，实测结果为 2.8℃，最大误差为 8.92%；图 4.14(b) 0.06L/s 的理论结果和实测结果误差较大，理论结果为 1.48℃时，实测结果为 1.35℃，

最大误差为 9.62%；图 4.14(c)0.06L/s 和 0.12L/s 的理论结果和实测结果误差较小，0.06L/s 时理论结果为 1.44℃时，实测结果为 1.35℃，最大误差为 6.66%；0.12L/s 时理论结果为 1.23℃时，实测结果为 1.12℃，最大误差为 9.82%；图 4.14(d)0.12L/s 的理论结果和实测结果误差较大，理论结果为 1.35℃时，实测结果为 1.23℃，最大误差为 9.75%。其余各流量的理论结果与实测结果拟合都比较好，最小误差为 0.1%，在误差允许范围内。

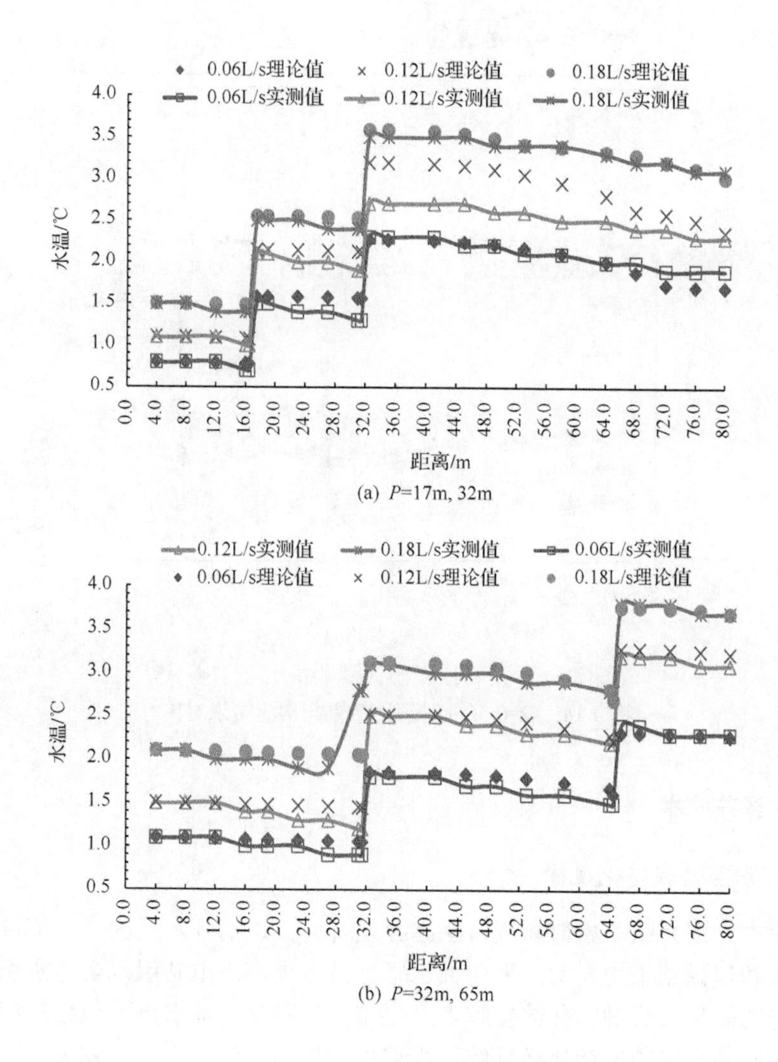

(a) P=17m, 32m

(b) P=32m, 65m

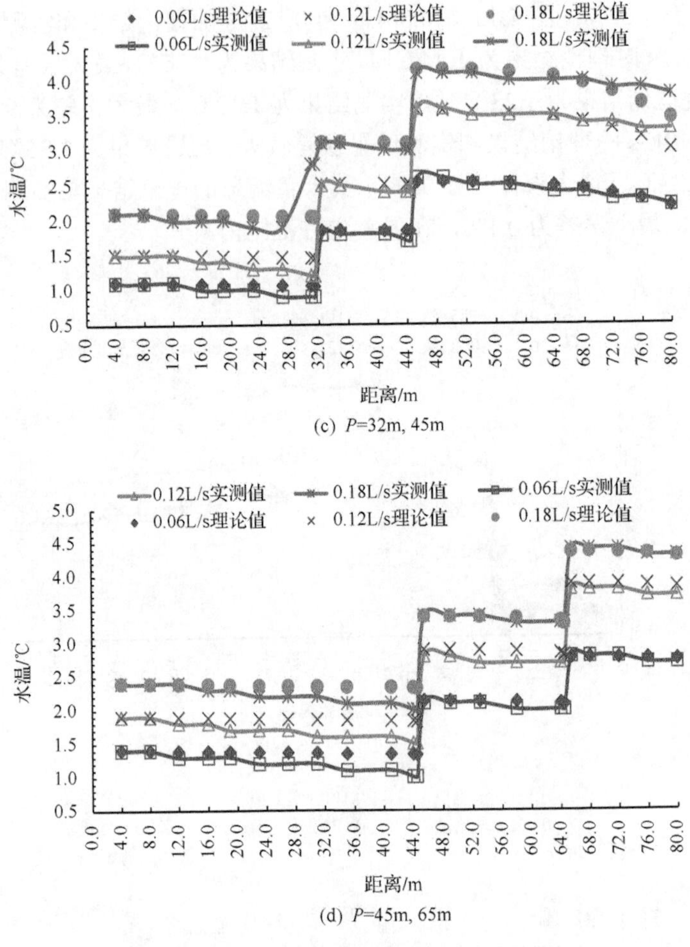

(c) P=32m, 45m

(d) P=45m, 65m

图 4.14　Q=0.5L/s 时理论结果与实测结果对比

4.2.4　多井注水

1. 水温沿程变化规律

前文分别介绍了单口和双口融冰井运行时渠道沿程水温的变化情况，实测结果和理论结果均表明，采用抽水融冰技术提高水电站引水渠道水温能起到很好的效果，且融冰井数量越多，渠末水温越高，抽水融冰效果越好。然而，融冰井数量的增加势必导致工程造价的增加，引起人力、物力、财力的浪费，且渠末水温无需太高，仅保证不结冰即可。为此，研究团队同时开展了多口融冰井注水试验，分析多口井注水条件下渠道水温的沿程变化规律，为实际工程融冰井的布设提供参考。

图4.15为三口融冰井注水条件下不同渠水流量和不同井水流量下渠道水温沿程变化规律。由图4.15可知，多井注水条件下，水温沿程变化规律与单井注水和双井注水条件下有所相似，只是随着融冰井数量的增加，渠道水温再一次增加了升温—降温过程。图示结果表明，三口融冰井注水条件下，渠道水温沿程变化可分为七部分。随着融冰井工作数量的增多，渠道流量增加，融冰井注水后渠道水温的增幅逐渐减小，但在试验模型距离范围内，渠末端水温明显高于单井或两口融冰井注入下游渠道平均水温，这表明试验融冰井布设距离较近，出现渠道热量累积效应，未达到融冰井最优控制效果。

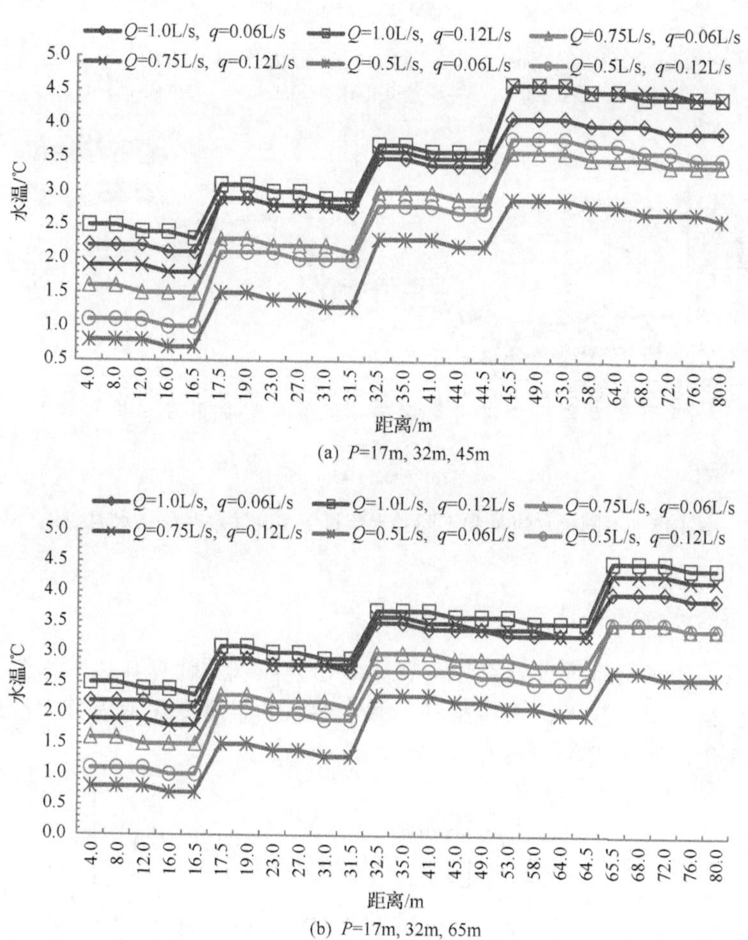

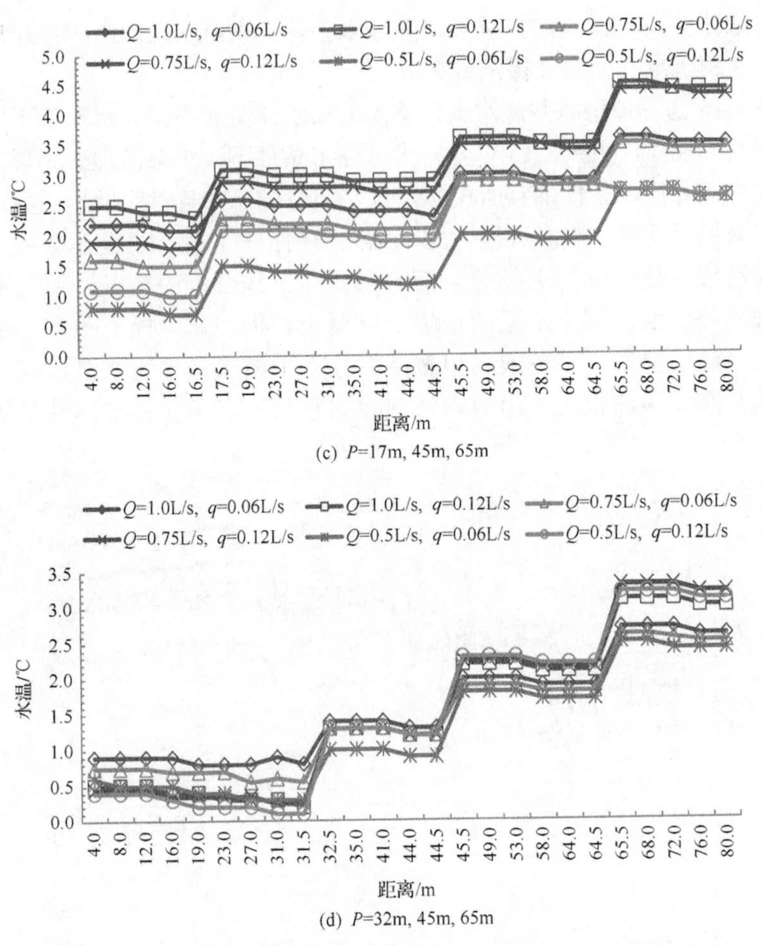

(c) P=17m, 45m, 65m

(d) P=32m, 45m, 65m

图 4.15　不同渠水流量和不同井水流量下多井注水时渠水水温变化

2. 混合水温理论计算

与双井注水的推理公式类似，在第二口井注入后计算其渠水水温变化的温度直至第三口井注入，再将第三口井水注入的温度变化考虑其中，计算渠水水温变化，如下式：

$$T_{m+1}=T_m+\frac{q}{Q}t-\left[0.0005\frac{v+nv_{\mathrm{q}}}{1000\left(Q+n_{\mathrm{q}}\right)}\left(L-P_{i+1}\right)^2\right] \tag{4.7}$$

式中，T_{m+1} 为所要计算的注水点以后渠水水温变化的温度，℃；T_m 为上一个注水点处的渠水与井水混合后的水温，℃；n 为所加井水的个数。

图 4.16 为多口融冰井注水条件下，以渠水流量为 1.0L/s 为例，验算公式的结果。图 4.16(a)0.18L/s 的理论结果和实测结果存在误差，理论结果为 6.39℃时，实测结果只有 5.9℃，最大误差为 8.38%；图 4.16(b)0.12L/s 的理论结果和实测结果有误差，理论结果为 3.9℃时，实测结果只有 3.6℃，最大误差为 8.33%；图 4.16(c)0.12L/s 的理论结果和实测结果误差较大，理论结果为 4.8℃时，实测结果只有 4.4℃，最大误差为 9.09%；图 4.16(d)0.12L/s 的理论结果和实测结果误差较大，理论结果为 0.26℃时，实测结果为 0.2℃，最大 0.06℃的误差。因此在这四幅图中理论结果和实测结果的最大误差为 9.09%，而其余各流量的理论结果与实测结果拟合都比较好，最小误差为 0.1%，在误差允许范围内。

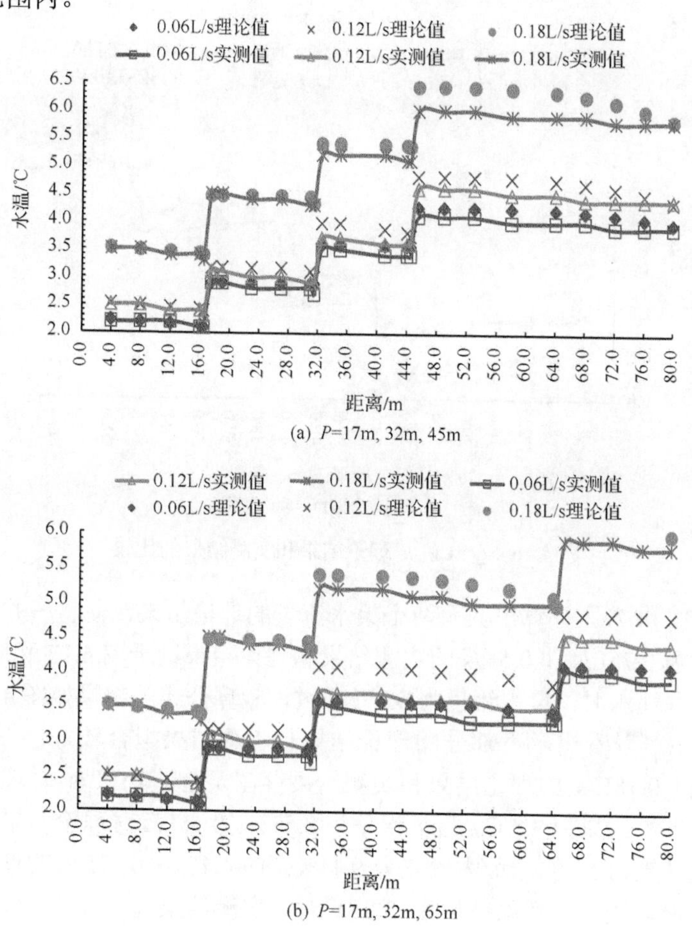

(a) P=17m, 32m, 45m

(b) P=17m, 32m, 65m

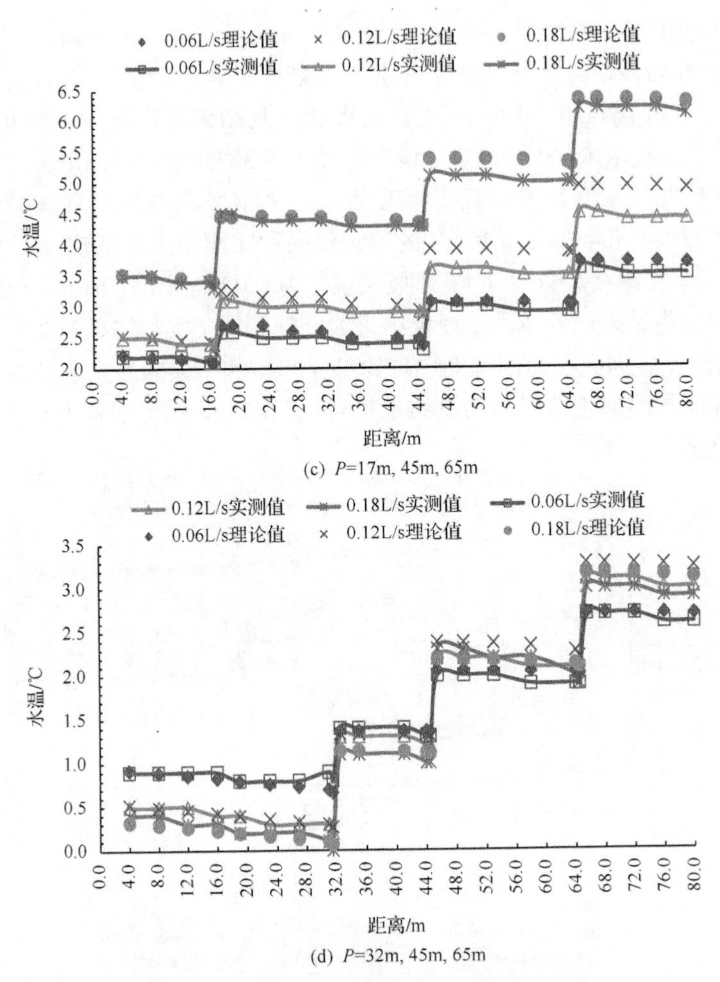

(c) P=17m, 45m, 65m

(d) P=32m, 45m, 65m

图 4.16　Q=1.0L/s 理论结果和实测结果的比较

利用式(4.7)，计算出其余两个渠水流量的理论结果，便将三井注水时，渠水流量为 0.75L/s 和 0.5L/s 的实测结果和理论结果绘于图 4.17 和图 4.18。

在多井注水时，渠水流量为 0.75L/s 时，验算公式的结果如图 4.17 所示。从图 4.17 可以看出，大部分的理论结果与实测结果拟合较好。图 4.17(a) 0.12L/s 和 0.18L/s 的理论结果和实测结果存在误差，0.12L/s 时理论结果为 3.8℃时，实测结果为 3.5℃，最大误差为 8.57%；0.18L/s 时理论结果为 5.56℃时，实测结果为 5.1℃，最大误差为 9.11%；图 4.17(b) 0.12L/s 的理论结果和实测结果误差较大，理论结果为 3.83℃时，实测结果为 3.5℃，最大误差为

9.42%；图 4.17(c)0.18L/s 的理论结果和实测结果有些误差，理论结果为 4.47℃时，实测结果为 4.2℃，最大误差为 6.43%；图 4.17(d)0.18L/s 的理论结果和实测结果误差较大，理论结果为 0.44℃时，实测结果为 0.3℃，误差为 0.14℃。因此图 4.17 理论结果和实测结果的最大误差为 9.42%。其余各流量的理论结果与实测结果拟合都比较好，最小误差为 0.1%，在误差允许范围内，可以用于实际工程计算。

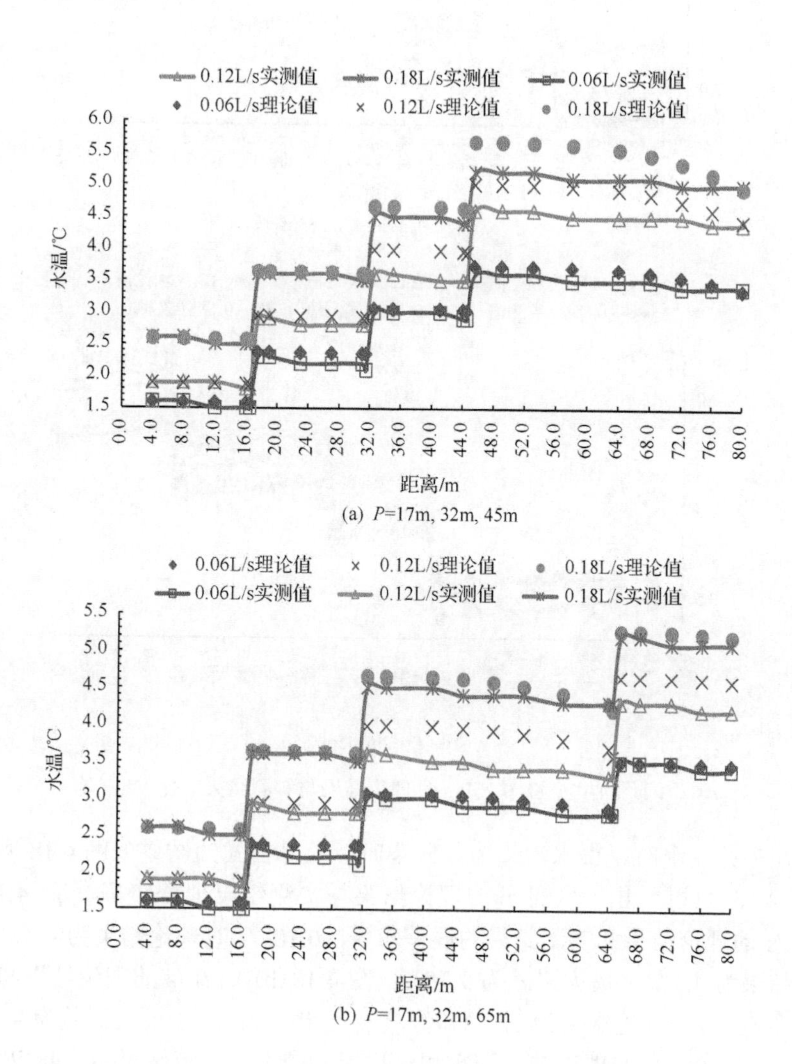

(a) P=17m, 32m, 45m

(b) P=17m, 32m, 65m

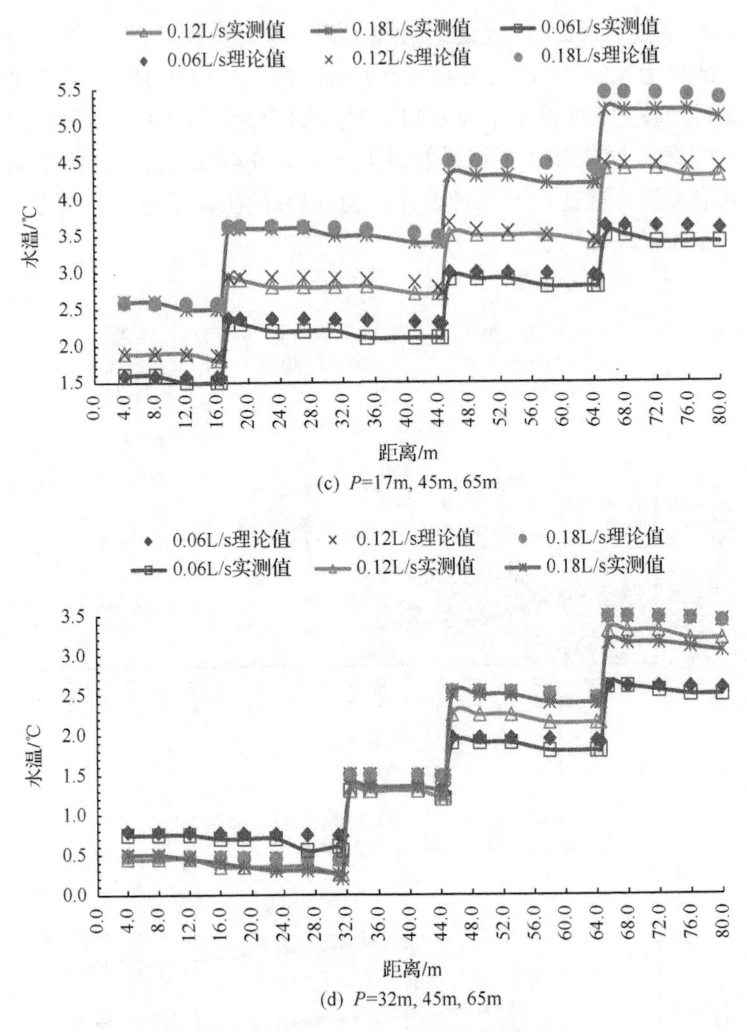

(c) P=17m, 45m, 65m

(d) P=32m, 45m, 65m

图 4.17　Q=0.75L/s 时理论结果与实测结果对比

在多井注水时，渠水流量为 0.5L/s 时，验算公式的结果如图 4.18 所示。从图 4.18 可以看出，大部分的理论结果与实测结果拟合较好。图 4.18(a) 0.18L/s 的理论结果和实测结果的误差较大，0.18L/s 时理论结果为 4.5℃时，实测结果为 4.1℃，最大误差为 9.75%；图 4.18(b)0.12L/s 的理论结果和实测结果误差较大，理论结果为 2.98℃时，实测结果为 2.72℃，最大误差为 9.55%；图 4.18(c)0.06L/s 的理论结果和实测结果误差较大，理论结果为 1.48℃时，实测结果为 1.35℃，最大误差为 9.62%；图 4.18(d)0.12L/s 的理论结果和实测结果存在误差，理论结果为 1.3℃时，实测结果为 1.2℃，误差为 8.33%。因此图 4.18 理论结果和实测结果的最大误差为 9.75%。其余各流量的理论结果与实测结果拟合都比较好，最小误差为 0.1%，在误差允许范围内，可以用于实际工程计算。

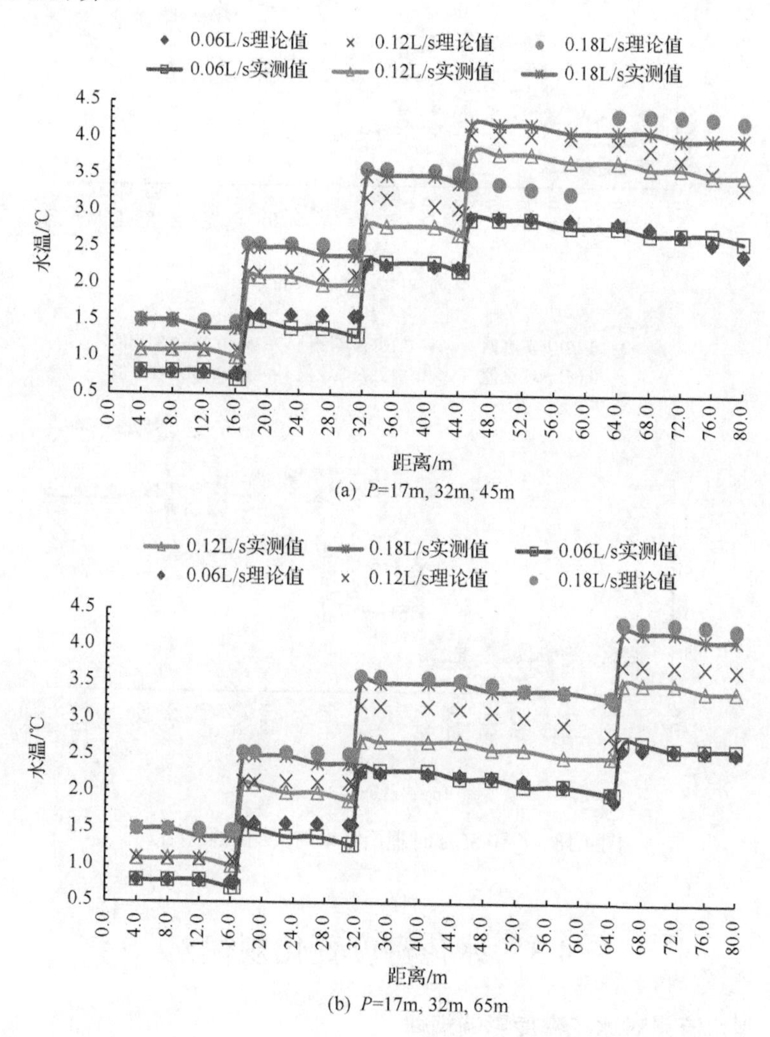

(a) P=17m, 32m, 45m

(b) P=17m, 32m, 65m

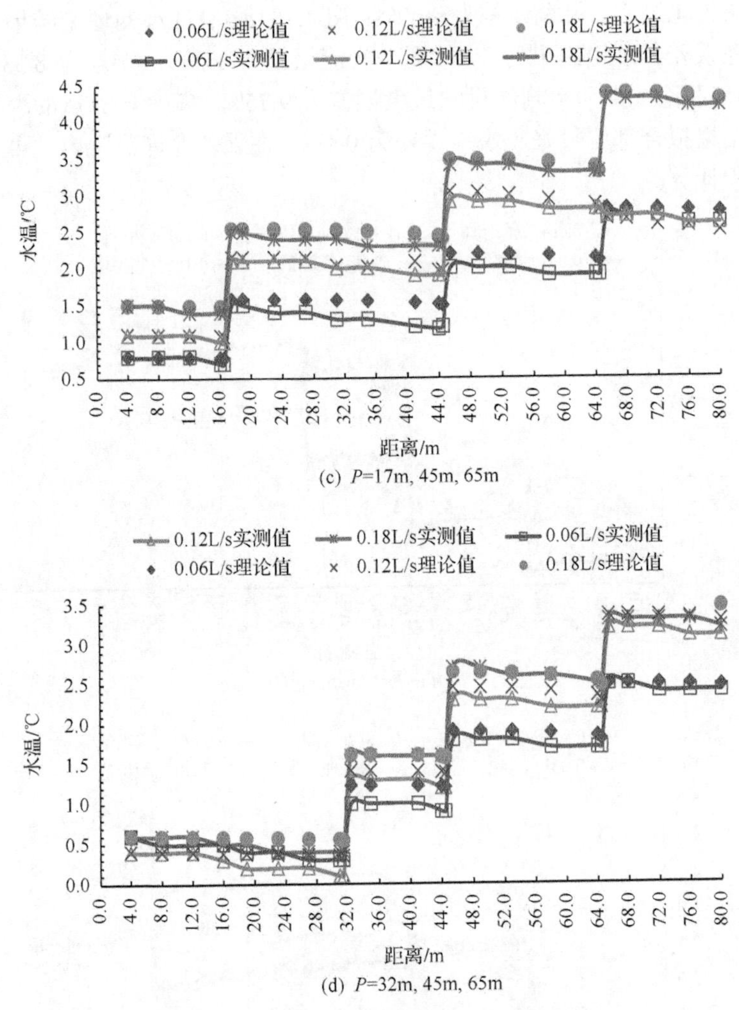

(c) P=17m, 45m, 65m

(d) P=32m, 45m, 65m

图 4.18 Q=0.5L/s 时理论结果与实测结果对比

4.3 冰花密度变化规律

4.3.1 渠水流量对冰花密度影响规律

井水流量、流速及水温等因素保持不变，只改变渠水流量，研究其对冰花密度的影响。通过室外的蓄水池对水温进行降温，将渠水流量分别为 0.5L/s，0.75L/s 和 1.0L/s 的冷水引入引水渠，在桩号 0+32m 处注入 0.06L/s 的井水，待掺混稳定后对各断面进行数据采集、称重和计算，得出该工况下冰花密度的变化规律。随后当水温降至初次测量水温时，分别注入 0.12L/s 和 0.18L/s 的井水，重复上述试验步骤。试验过程中，气温为−10℃～−13℃，试验中渠水出水口温度始终控制在 0.2℃～0.4℃，井水水温均控制在 13.4℃。

将所测得各断面的冰花密度绘制成柱状图，图 4.19 为同一注水位置及水温条件下，分别改变渠水流量和井水流量，渠道内冰花密度的沿程变化规律。

从图 4.19(a)可以看出，当 q=0.06L/s，Q=1.0L/s、0.75L/s、0.5L/s 时，在渠末的冰花密度分别为 1.2%、4.0%、4.5%，由此说明渠水流量越小，冰花密度越大，整个渠道产生的冰花越多，冰花最初出现的桩号也就越靠近上游。结合图 4.19(a)、图 4.19(b)和图 4.19(c)可知，上游渠水流量越小，冰花出现得越早，下游冰花密度越大；如渠水流量为 0.5L/s 时，在渠道桩号 0+8m 处

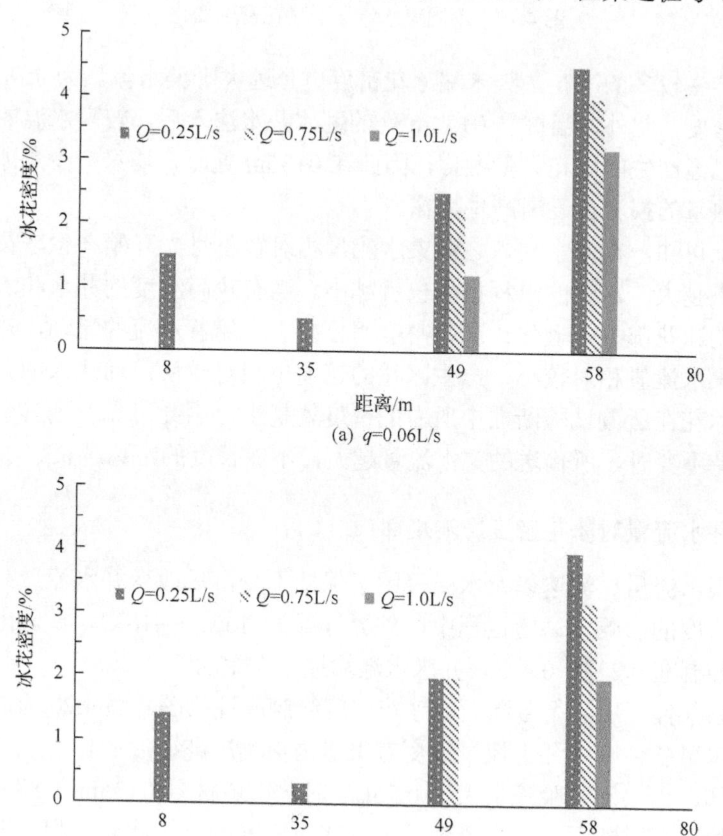

(a) q=0.06L/s

(b) q=0.12L/s

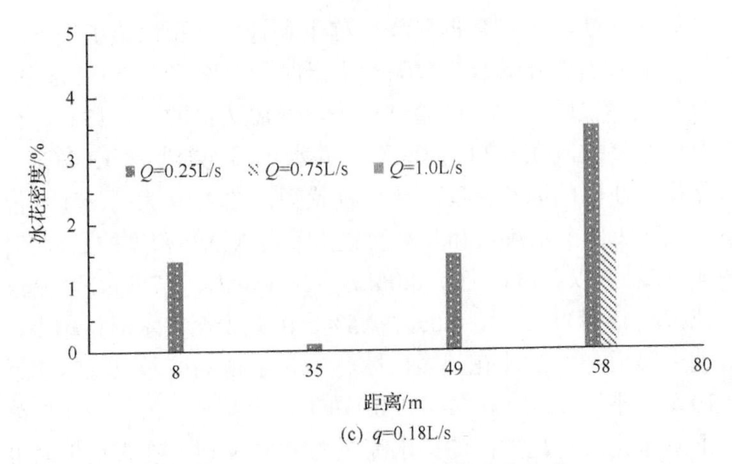

(c) q=0.18L/s

图 4.19　不同渠水流量下冰花密度变化

就已经产生较多的冰花，渠末端冰花密度更是远大于渠水流量为 1.0L/s 工况的冰花密度。此外，当桩号 0+32m 处的融冰井水注入后，较高水温的井水将渠道内已经产生的冰花大量融化，因此在 0+35m 处时，均只有少量冰花，此后随着热量的损失再逐渐产生冰花。

综上可知，在井水注入之前渠水流量相对较小时先开始产生冰花，说明渠水流量越大，水温的沿程损失也就越小。当有较高温度的井水注入，上游已产生的冰花部分被融化，冰花密度明显减小。随着水流的流动，热量继续散失，渠水流量相对较小，产生冰花的速度也相对较快；而注入的井水流量越大，冰花在所取试验断面中所占的密度就越小。由此可见，当其余各影响因素保持不变时，所输送的渠水流量越大，不冻长度的距离越长。

4.3.2　井水流量对冰花密度影响规律

在渠水流量、流速以及水温等因素保持不变，只改变井水流量，研究其对冰花密度的影响。试验过程中，外界气温为–13℃～–16℃，试验出水口温度始终控制在 0.2℃～0.4℃，井水水温均控制在 13.4℃。

将该条件下所测得各断面的冰花密度绘制成柱状图，图 4.20 为同一注水位置及水温条件下，井水流量改变对渠道内沿程冰花密度的影响规律。由图 4.20 可知，当渠水试验流量大于 0.75L/s 时，渠道桩号 0+35m 上游未发现冰花，且相同渠道断面，渠水流量越大，冰花密度越小。此外，相同渠水流量下，融冰井流量越大，注入渠道的热通量越大，渠道内断面冰花密度越小。

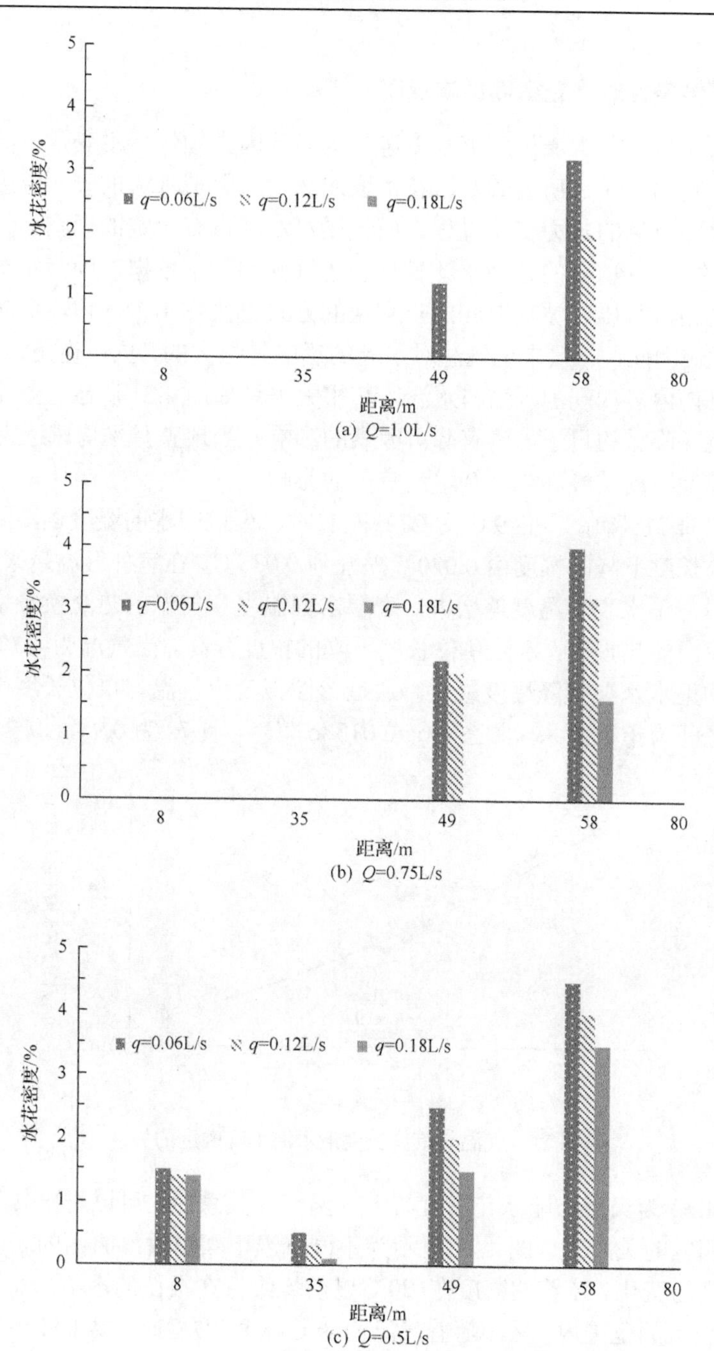

图 4.20　不同井水流量下冰花密度变化

4.3.3 气候条件对冰花密度影响规律

渠水流量、井水流量、渠水流速、水温等因素均保持不变，只改变气候条件的影响因素时，研究其对冰花密度的影响。渠道水流的表面温度变化，是水气界面复杂的热力交换过程。而气候对水温也有一定的影响。气象要素(温度、降水、风等)的各种统计量是表述气候的基本依据。因为空气直接与水体相接触，且以长波辐射和感热交换的方式直接作用于水体，影响水面温度的变化，因此，一般来说气温对水温的影响是最大的，同时也是最重要的。本次观测期内多次观测气温与水温，其相关关系如图 4.21 所示。整个试验阶段尽量避开降雪的日子，没有降雪因素的影响；当地整月平均风速为 7m/s，且试验模型四周被楼环绕，基本没有风的影响。

如图 4.21 所示，在–9℃～–27℃左右时，渠道中水的温度逐渐降低，其温度单位长度下降的幅度由 0.020℃提升到 0.035℃，在室外气温越来越低时，由于气温与渠水表层温度差增大，表层水面温度和气温的热交换量增加，加快了水表面的热损失，水温单位长度下降的幅度升高。当气温为–27℃时，单位长度的渠水水温下降幅度最大。通过该图拟合出气温与单位长度下水温下降幅度之间为指数关系，关系式 $y=0.0138e^{-0.035x}$，且 R^2 为 0.94，拟合度较高。

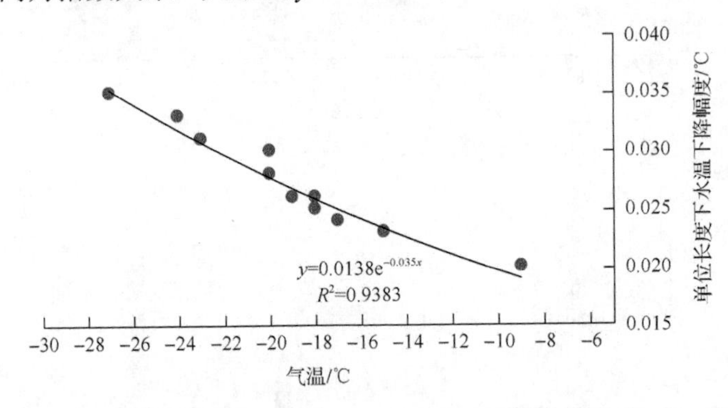

图 4.21 气温与单位长度下水温下降幅度的关系

图 4.22 为渠道末端冰花密度与大气温度的关系图，可以看出其关系并拟合得出相应的关系式。图 4.22 所示为不同气温下渠道最终断面的表层水域中冰花密度的变化。冰花的密度在–20℃以前均维持在很低的水平，基本保持在 2.0%～2.5%的范围内，然而随着气温由–9℃降至–27℃时，渠末最终的产冰量增加，冰体积分数逐渐增大到 4.5%。可知在不同的低气温情况下，冰花最初

出现的位置也逐渐在移动，才给冰花的大量产生提供了条件。通过该图拟合出气温与渠道末端的冰花密度关系为非线性关系，关系式 $y=-0.0091x^2+0.1641x+2.4916$，且 R^2 高达 0.95，拟合度高。

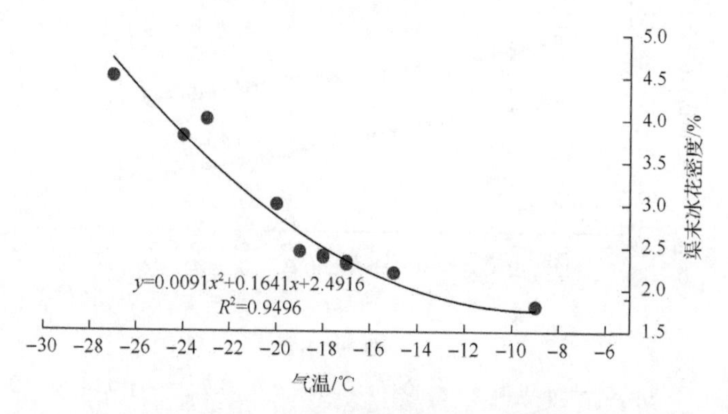

图 4.22　气温与冰花密度的关系

4.4　渠水合流速的影响规律

流速是水内冰生成、演变、输移的主要动力因素。当渠道流速大于临界输冰流速时，由于水流的紊动和拖曳作用，水面上的冰花不会相互粘结形成冰盖。随着冰花密度逐渐增大，当渠道速度低于临界输冰流速，渠道水面形成冰盖。当有融冰井水注入后，由于热量的注入，有效减少了冰花，增加渠水流速，使水内冰花密度有所减小。试验过程中，外界气温为−17℃～−19℃，其余指标同前文。

通过分析试验数据，将不同渠水和井水流量下冰水合流速在注水前后变化过程绘制于图 4.23。由图 4.23(a)可以看出，未注入井水时，冰水合流速随着距离的增加沿程呈衰减趋势，当 Q=0.5L/s 时，冰水合流速由 0.154m/s 降到 0.056m/s；Q=0.75L/s 时，冰水合流速由 0.225m/s 降到 0.143m/s；Q=1.0L/s 时，冰水合流速由 0.302m/s 降到 0.227m/s。由此可知，渠水流量越小，渠道流速衰减越迅速，这是由于渠道流量越小，渠道内冰花密度越大，渠道水流沿程阻力越大，冰水合流速越小。由图 4.23(b)、图 4.23(c)、图 4.23(d)可知，当渠道流量一定时，井水注入流量越大，渠道内流速越大，且渠道流速改变对融冰井水注入引起的渠道流速变化影响较小。

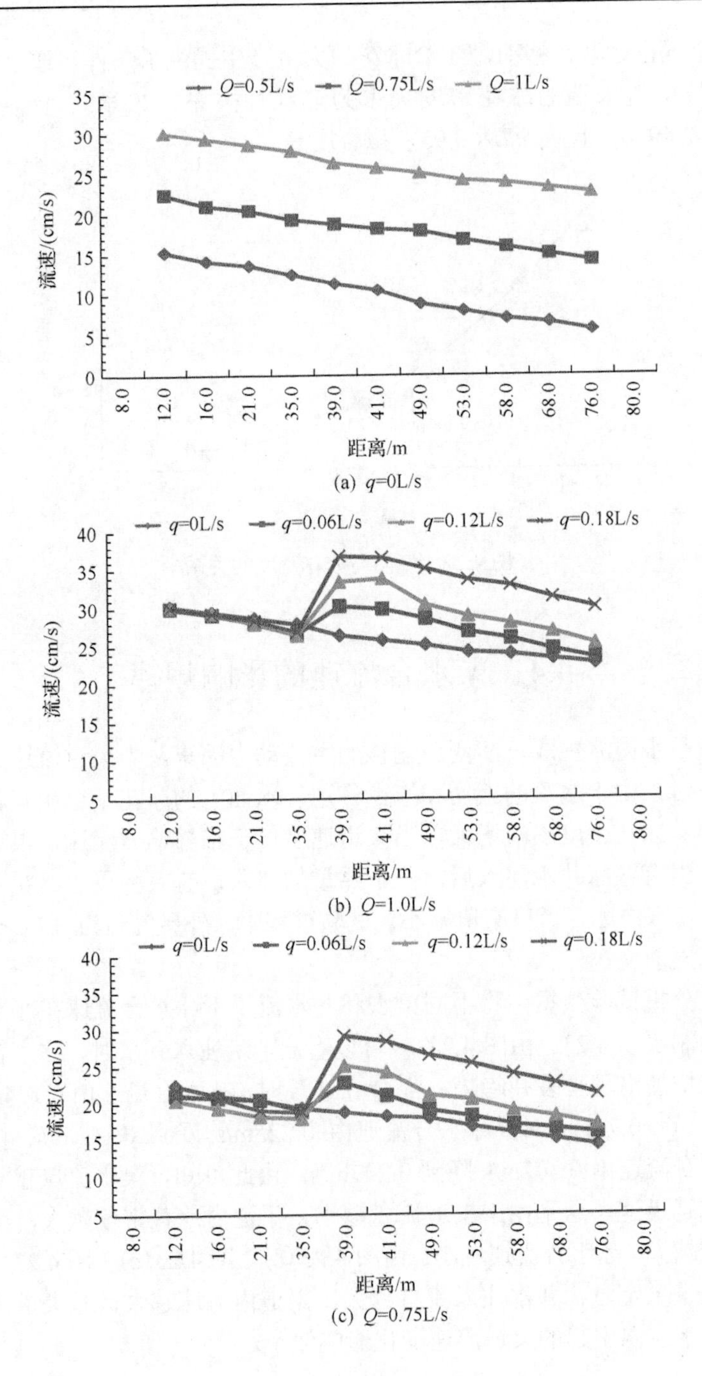

Q=0.5L/s
Q=0.75L/s
Q=1L/s
流速/(cm/s)
距离/m
8.0
12.0
16.0
21.0
35.0
39.0
41.0
49.0
53.0
58.0
68.0
76.0
80.0
(a) q=0L/s
q=0L/s
q=0.06L/s
q=0.12L/s
q=0.18L/s
流速/(cm/s)
距离/m
(b) Q=1.0L/s
q=0L/s
q=0.06L/s
q=0.12L/s
q=0.18L/s
流速/(cm/s)
距离/m
(c) Q=0.75L/s

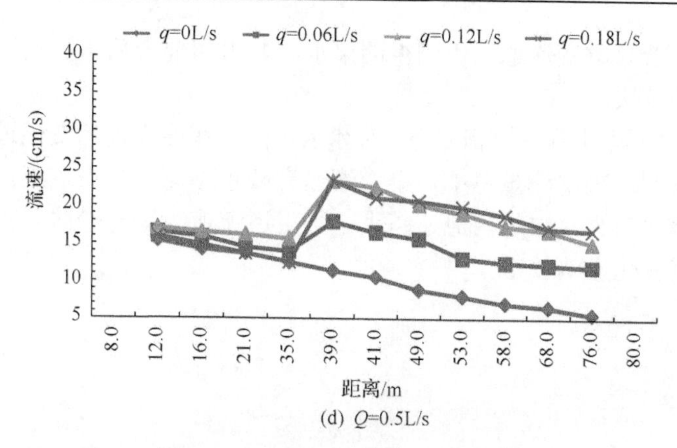

(d) Q=0.5L/s

图 4.23　不同情况下渠水流速变化

4.5　本 章 小 结

根据试验结果，本章得到主要结论如下：

(1) 考虑外界气象条件均不发生变化，未注入井水时，渠道水温受低气温影响，渠水温度逐渐降低，且渠水流量越小，渠水水温逐渐下降越快。

(2) 单井注水时，在注水点之前，渠水水温逐渐下降，当渠水流量越大时，水温沿程下降的幅度越大，反之越小。得出单井注水时的计算公式，对其进行验算，通过理论结果与实测结果的对比结果表明：最大误差为 9.7%，最小误差为 0.1%，可以用于实际工程计算。

(3) 双井注水时，渠末的温度均高于渠道初的渠水温度，充分说明了合理布置井群位置的重要性。因为第一口井注入后热量还未完全散失第二口井就注入，使得温度维持在一个相对高的水平。通过分析得出相关关系式，对比理论结果与实测结果表发现：最大误差为 9.82%，最小误差为 0.1%。

(4) 多井注水时，之后的井水注入后，水温的上升折线率已经明显变小，水体内的热量在渠道内没有达到完全的散失。总结出混合水温的计算公式，验证后，得到最大误差为 9.75%，最小误差为 0.1%。

(5) 通过改变渠水流量、井水流量和渠水流速等水力条件，对冰花密度影响规律进行了水槽试验，并分析了对不冻长度的影响。若只改变渠水流量，所输送的渠水流量越大，水体总热量越高，散失热量不大，其冰花消融越快，反之越慢；若只改变井水流量，所注入的井水流量越大，其冰花消融越快，反之越慢；若只改变流速，所测得的渠水、井水和混合后水流的流速越大，其冰花消融越快。

(6) 在不同渠水和井水流量下，对冰水合流速在注水前后变化过程进行研究，结果表明：渠水流量越小，渠道流速衰减越迅速；当渠道流量一定时，井水注入流量越大，渠道内流速越大，且渠道流速改变对融冰井水注入引起的渠道流速变化影响较小。

第5章　抽水融冰引水渠道不冻长度计算

根据水流热平衡理论，综合考虑水力、热力、气候等条件对不冻长度影响，从理论上得到不冻长度的计算公式，并用新疆玛纳斯河流域红山嘴电站和金沟河电站引水渠道不冻长度的实测资料进行验证，结果表明：计算结果与原型电站引水渠道不冻长度的实测值相符合，证明不冻长度公式的可靠性；以新疆玛纳斯河流域红山嘴二级电站引水渠道为研究对象，对不同水力、热力、气候条件下的不冻长度进行计算，结果表明：不冻长度与井水注入量、井水水温、大气温度、日太阳辐射量成正比，与风速、大气饱和差、日降雪量成反比；其中，井水注入量、大气温度、风速等对不冻长度影响较为显著；且在相同条件下，井水注入量每增加0.02m^3/s，不冻长度以400m幅度递增；大气温度每降低5℃，不冻长度减小幅度为16.1%～31.3%；风速从0.5m/s增加到2.0m/s，不冻长度减小幅度为4.3%～53.0%，为解决寒区水电站引水渠道冰灾防治问题提供科学依据。

5.1　研究背景

抽水融冰应用的重要依据为不冻长度，即引水渠道水温大于0℃的渠段长度。通过计算抽水融冰渠道的不冻长度便可知每一口融冰井对渠道冰害的防治距离，为寒区引水式电站运用抽水融冰技术提供参考依据。目前国内外对河渠、水库水温变化及水中冰的形成演变等已有大量研究，且总结出一些不冻长度计算的经验公式。其中苏联和瑞典的学者通过长期对渠道冰盖底部温度变化的研究，提出了至今仍然适用的预防及消除冰灾的措施(杜一民，1959)；李克锋等(2006)、辛向文和周孝德(2010)、辛向文等考虑了气温、湿度、风速等因素，提出可用于估算缺乏水温监测资料河流水温的新公式；王晓玲等(2009, 2010)综合考虑太阳辐射、水面的有效放射、水面蒸发热损及水面对流热损等因素的影响，模拟研究不同气温条件下渠道水温的变化；魏浪等(2016)通过原型观测资料分析得出气象要素对水库坝前水温影响深度与季节变化有关，且气温和太阳辐射是水温结构日变化的主要影响因素；白乙拉等(2012)改进以前有关冰表面温度与气温关系表达式，并对改进了的一维热力学模型和单相 Steften 问题所采用的数值解法；张新华等(2016)利用将二维横向平均的水温模拟结果作为三维模型的入流边界初始条件的方法较好地模拟了坝前深水库区的水体水温分层流动及进水口前的水体流动特性；Shen 等(2000)、Shen 和 Liu(2003)综合考虑风速、河冰水流的阻力等影响因素，提出可以模拟过冷现象和底部冰的形成的 RICEN 模型，还模拟了 Shokotsu 河流冰塞的形成；Batchelor(1980)和 Wadia(1974)研究了水中冰花密度及其热力交换；萨弗罗诺夫及我国一些学者分别结合实际工程提出渠道不冻长度的经验公式，但各个不冻长度计算公式均有其一定的局限性，苏联的萨弗罗诺夫公式和香加水电站公式仅考虑混合水深、混合流速、混合水温，并未考虑外界气温等因素，无论外界大气温度有多低，其计算出的不冻长度是一样的，而新疆水利水电勘测设计院公式和金沟河公式较前两者加入考虑了外界气温的影响，但仍然忽略了地温、太阳辐射、风速等因素影响(杜一民，1959；邓朝彬和刘柏年，1987；铁汉，1999；王文学和丁楚建，1991)；刘新鹏等(2007)、王峰等(2009)以红山嘴电站为对象，计算了融冰井运行下渠道的不冻长度，并分析了各个融冰井的合理布置。

以上研究表明，气温、地温、太阳辐射、风速等因素都会影响引水渠道的水温变化。但目前该方面的研究主要集中在河流中冰的形成和演化上，而关于不同水力、热力、气候条件下对渠道不冻长度的影响鲜有涉及。因此本章利用水流的热平衡理论推导出引水渠道的不冻长度统一计算公式，并分析不同水力、热力、气候条件对不冻长度的影响，为寒区引水式电站运用抽水融冰技术提供理论参考。

5.2　不冻长度的理论分析

根据水流的热平衡，即热量收入=热量损耗；可由单位水面面积在单位时间内的热耗失方程式用分析方法表示，但要求方程式中全部要素的数值在实际中是不可能做到的，特别是对那些小河来说，所以使得热量平衡方程式中数值很小的某几项取消，得到其平衡方程如下：

$$W_{水} + W_{辐} + W_{底} + W_{动} = W_{放} + W_{蒸} + W_{对} + W_{雨雪} \tag{5.1}$$

式中，$W_{水}$ 为从外界注入水(如泉水或井水)收入的热量，kJ/d；$W_{辐}$ 为渠道水面所吸收的太阳直接辐射热和扩散辐射热，kJ/d；$W_{底}$ 为水与渠床之间的热量交换，kJ/d；$W_{动}$为渠水动能转化为热能所吸收的热量，kJ/d；$W_{放}$为水面的有效放射，kJ/d；$W_{蒸}$为渠水蒸发的热量耗失，kJ/d；$W_{对}$为渠道水面与大气对流引起的热量交换，kJ/d；$W_{雨雪}$为随降雨落入渠道中的热量或下雪时耗失的热量，kJ/d。

引水式电站引水渠道在冬季运行时，当渠水热量收入之和大于热量支出之和便可以保证渠道不会结冰，即正常运行；当二者相等时，渠道不结冰的渠段长度即为渠道的不冻长度 L，如下：

$$W_{水}+\left(\sigma_{辐}+\sigma_{底}+\sigma_{动}\right)L=\left(\sigma_{放}+\sigma_{蒸}+\sigma_{对}+\sigma_{雨雪}\right)L \tag{5.2}$$

即

$$L=W_{水}\Big/\left(\sigma_{放}+\sigma_{蒸}+\sigma_{对}+\sigma_{雨雪}-\sigma_{辐}-\sigma_{底}-\sigma_{动}\right) \tag{5.3}$$

式中，$\sigma_{辐}$为每米渠道水面所吸收的太阳辐射热，kJ/(m·d)；$\sigma_{底}$为每米渠床与水之间的热量交换，kJ/(m·d)；$\sigma_{动}$为每米渠道渠水动能转化为热能所吸收的热量，kJ/(m·d)；$\sigma_{放}$为每米渠道水面的有效放射，kJ/(m·d)；$\sigma_{蒸}$为每米渠道水面蒸发的热量耗失，kJ/(m·d)；$\sigma_{对}$为每米渠道水面与大气对流引起的热量交换，kJ/(m·d)；$\sigma_{雨雪}$为每米渠道随降雨落入渠道中的热量或下雪时耗失的热量，kJ/(m·d)。

平衡方程中各分量计算公式如下。

(1)渠水的总注入热储量：

$$W_{水}=q_{注}ct_{注}\gamma \tag{5.4}$$

$$=4.186\times10^{3}q_{注}t_{注}\ (\mathrm{kJ/s})$$

$$=3.617\times10^{8}q_{注}t_{注}\ (\mathrm{kJ/d})$$

式中，$q_{注}$为外界注入水的流量，$\mathrm{m^3/s}$；c为热容量，文中 c=4.186kJ/(kg·℃)；$t_{注}$为外界注入水的温度，℃；γ为水的密度，γ=1000kg/$\mathrm{m^3}$。

(2)每米渠道水面所吸收的太阳辐射热：

$$\sigma_{辐}=\sigma_{直辐}+\sigma_{扩辐}=\eta aR_{\mathrm{s}}A\quad[\mathrm{MJ/(m\cdot d)}]$$

$$=10^{3}\eta aR_{\mathrm{s}}A\quad[\mathrm{kJ/(m\cdot d)}] \tag{5.5}$$

式中，$\sigma_{直辐}$为渠道水面所吸收的太阳直接辐射热，kJ/(m·d)；$\sigma_{扩辐}$为渠道水面所吸收的太阳扩散辐射热，kJ/(m · d)；η 为渠道水面吸收的太阳辐射系数；a 为太阳散射辐射热占总辐射热的百分比；R_s 为太阳辐射，MJ/(m^2 · d)；A 为每米渠道的水面面积，m^2/m。其中，太阳辐射 R_s 可由下式方程估算(Allen et al., 1998)：

$$R_s = \left(a_s + b_s \frac{n_0}{N}\right) R_a \tag{5.6}$$

式中，n_0 为日照时数，h；N 为可能的最大日照时数，h；a_s，b_s 为参数，其中 a_s=0.25，b_s=0.5；R_a 为天文辐射，其计算方程如下(高国栋等，1996)：

$$R_a = \frac{TI_0}{\pi\rho^2}\left(\omega_0 \sin\varphi \sin\delta + \cos\varphi \cos\delta \sin\omega_0\right) \tag{5.7}$$

式中，R_a 为天文辐射总量，MJ/(m^2 · d)；T 为周期，T=24×60×60s；I_0 为太阳常数，I_0=13.67×10^{-4} MJ/(m^2 · s)；ρ 为日地相对距离，m；ω_0 为日落时角，(°)；φ 为地理纬度，rad；δ 为太阳赤纬，rad。其中，

日地相对距离 ρ 可根据式(5.8)计算得出(高国栋等，1996)：

$$\rho = \sqrt{\frac{1}{1 + 0.33\cos\left(2\pi J / 365\right)}} \tag{5.8}$$

式中，J 为年内天数从 1 月 1 日的 0 到 12 月 31 日的 364。

日落时的太阳时角 ω_0 可根据式(5.9)计算得出(高国栋等，1996)：

$$\omega_0 = \arccos\left(-\tan\phi \tan\delta\right) \tag{5.9}$$

太阳赤纬 δ 可根据式(5.10)计算得出(刘钰等，1997)：

$$\delta = 0.409\sin\left(0.0172J - 1.39\right) \tag{5.10}$$

(3) 每米渠床与水之间的热量交换：

$$\begin{aligned}\sigma_{地} = \sigma_{地底} + \sigma_{地坡} &= \beta_{地} A_1\left(t_1 - 0.5t_{混}\right) + 24\beta_{地} A_2\left(t_2 - 0.5t_{混}\right)[\mathrm{kcal/(m \cdot h)}] \\ &= 4.184 \times 24\beta_{地}\left[A_1\left(t_1 - 0.5t_{混}\right) + A_2\left(t_2 - 0.5t_{混}\right)\right][\mathrm{kJ/(m \cdot d)}] \\ &= 100.416\beta_{地}\left[A_1\left(t_1 - 0.5t_{混}\right) + A_2\left(t_2 - 0.5t_{混}\right)\right][\mathrm{kJ/(m \cdot d)}]\end{aligned} \tag{5.11}$$

式中，$\sigma_{地底}$ 和 $\sigma_{地坡}$ 分别为每米渠底和渠坡与渠水的热量交换，kJ/(m · d)；$\beta_{地}$ 为渠道混凝土衬砌体的传热系数，kcal/(m^2 · h · ℃)；A_1 和 A_2 分别为每米渠道渠底和渠坡的面积，m^2/m；t_1 和 t_2 分别为渠底和渠坡地温的平均值，℃；$t_{混}$ 为渠水与外界注入水的混合温度，℃。

(4) 每米渠道渠水动能转化为热能所吸收的热量(杜一民，1959)：

$$\sigma_{动}=\frac{HAi\gamma v_{混}}{j}=\frac{1000}{427}HAiv_{混}=2.342HAiv_{混}\,[\text{kcal/(m}\cdot\text{s)}]$$
$$=4.184\times86400\times2.342HIAv=8.466\times10^5HIAv\,[\text{kJ/(m}\cdot\text{d)}]\quad(5.12)$$

式中，j 为热功当量，j=427 (kg · m) /kcal；H 为渠水的水深，m；A 为每米渠道的水面面积，m^2/m；i 为渠道的纵坡；$v_{混}$ 为渠道水混合后的流速，m/s。

(5) 每米渠道水面的有效放射(杜一民，1959)：

$$\sigma_{放}=\left[2.6(1-0.9n)+0.091\left(t_{混}-t_{气}\right)\right]A\quad[\text{kcal/(m}\cdot\text{d)}]$$
$$=4.184A\left[2.6-2.34n+0.091\left(t_{混}-t_{气}\right)\right][\text{kJ/(m}\cdot\text{d)}]\quad(5.13)$$

式中，n 为天空被云所遮盖部分的分数；$t_{混}$ 为渠水与外界注入水混合后的温度，℃；$t_{气}$ 为外界大气温度，℃。

(6) 每米渠道水面蒸发的热量耗失：

$$\sigma_{蒸}=\frac{130Adv_{风}}{0.6+0.1v_{风}}\quad[\text{kcal/(m}\cdot\text{d)}]$$
$$=\frac{4.184\times130Adv_{风}}{0.6+0.1v_{风}}=\frac{543.92Adv_{风}}{0.6+0.1v_{风}}\quad[\text{kJ/(m}\cdot\text{d)}]\quad(5.14)$$

式中，d 为大气饱和差，即在一定的温度下饱和水汽压 (E) 与空气中实际水汽压 (e) 之差，Pa；$v_{风}$ 为风速，m/s。

(7) 每米渠道水面与大气对流引起的热量交换：

$$\sigma_{对}=\frac{50Av_{风}\left(t_{混}+t_{气}\right)}{0.5+0.1v_{风}}\quad[\text{kcal/(m}\cdot\text{d)}]$$
$$=\frac{4.184\times50Av_{风}\left(t_{混}+t_{气}\right)}{0.5+0.1v_{风}}=\frac{209.2Av_{风}\left(t_{混}+t_{气}\right)}{0.5+0.1v_{风}}\quad[\text{kJ/(m}\cdot\text{d)}]$$

(5.15)

式中，$t_{混}$ 为渠水与外界注入水混合后的温度，℃；$t_{气}$ 为外界大气温度，℃。

(8) 每米渠道随降雨落入渠道中的热量或下雪时耗失的热量：

空中降水落到渠面时，促使水流温度降低，因此降水对于冰的形成起着一定作用，而融化固态降水（降雪）所消耗的热量可能就很大。

$$\sigma_{雨雪} = \sigma_{雪} = m_{雪}\beta_{雪}A \qquad [\mathrm{kJ/(m \cdot d)}] \tag{5.16}$$

式中，$m_{雪}$ 为日降雪量，$\mathrm{kg/(m^2 \cdot d)}$；$\beta_{雪}$ 为雪的溶解热，kJ/kg；A 为每米渠道的水面面积，$\mathrm{m^2/m}$。

将式(5.4)～式(5.16)代入式(5.3)得到不冻长度统一计算公式如下：

$$L = \left(3.617\times 10^{8} q_{注} t_{注}\right) \Bigg/ \left\{ \begin{array}{l} 4.184A\left[2.6 - 2.34n + 0.091\left(t_{混} - t_{气}\right)\right] + \\ 543.92Adv_{风} / \left(0.6 + 0.1v_{风}\right) + \\ 209.2Av_{风}\left(t_{混} + t_{气}\right) / \left(0.5 + 0.1v_{风}\right) - \\ 100.416\beta_{地}\left[A_1\left(t_1 - 0.5t_{混}\right) + A_2\left(t_2 - 0.5t_{混}\right)\right] - \\ 8.466\times 10^{5} HAiv_{混} + m_{雪}\beta_{雪}A - 10^{3}\eta aR_{s}A \end{array} \right\} \tag{5.17}$$

5.3 计算结果及分析

5.3.1 红山嘴电站引水渠道实测结果

以新疆玛纳斯河流域的红山嘴电站二级引水渠道为研究对象，进行水温、气温、引水渠道流量、风速等因素的原型观测试验（图 5.1）。二级引水渠道全长 11280m，沿程共布设 13 口融冰井，井水抽水量为 0.13～0.24$\mathrm{m^3/s}$，水温为 9.6～10.6℃。2013 年 2 月原型观测当天气温均处于零下，可以保证观测条件，但观测过程中二级引水渠只有 5#、6#、8#、9#、10#、11#和 13#井正常工作，其余井未工作。

因受渠道地理位置影响不能直接进渠采集渠水温度，故选取塑料瓶多次取水，并用水银温度计（量程为–50～20℃）多次测量取平均值；外界气温测量则在每个渠温采水点处放置多支气温计取平均值，结果如表 5.1 所示。

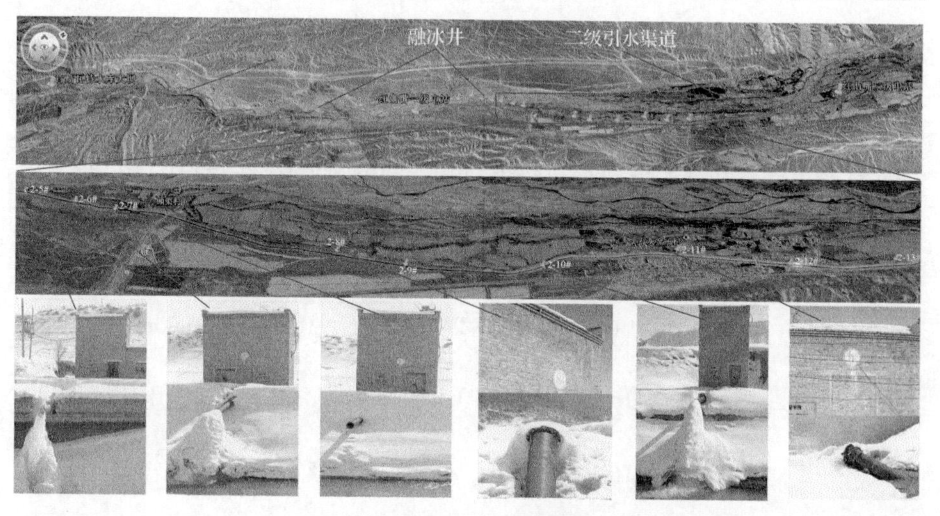

图 5.1　抽水融冰原型观测现场

表 5.1　红山嘴电站引水渠道实测数据

桩号	井号	井管内径/m	井前渠道水温 t/℃	井前渠道流量 Q/(m³/s)	井前渠道流速 v/(m/s)	井水水温 $t_井$/℃	井水流量 $q_井$/(m³/s)	井水流速 $v_井$/(m/s)	渠道混合水温 $t_混$/℃	渠道混合流量 $Q_混$/(m³/s)	渠道混合流速 $V_混$/(m/s)	大气温度 $t_气$/℃
0+900	5#	0.26	0.18	10.00	0.629	10.0	0.16	3.015	0.335	10.16	0.639	−3.0
1+300	6#	0.26	0.55	10.16	0.639	10.0	0.24	4.523	0.768	10.4	0.654	−2.8
3+100	8#	0.23	1.18	10.40	0.654	10.6	0.17	4.094	1.332	10.57	0.664	−2.5
3+600	9#	0.26	1.37	10.57	0.664	10.0	0.18	3.392	1.515	10.75	0.676	−2.0
4+400	10#	0.26	1.53	10.75	0.676	10.0	0.13	2.450	1.631	10.88	0.684	−1.5
5+250	11#	0.23	1.60	10.88	0.684	9.6	0.16	3.853	1.716	11.04	0.694	−1.2
6+600	13#	0.26	1.73	11.05	0.695	10.2	0.13	2.450	1.828	11.18	0.703	−1.0

5.3.2　红山嘴电站引水渠道不冻长度计算

根据表 5.1 红山嘴电站原型实测资料对不冻长度的各分量分别进行计算：

(1) 每米渠道水面所吸收的太阳辐射热 $\sigma_{辐}$：

$$\sigma_{辐} = \eta a R_s A = 10^3 \eta a R_s A[\text{MJ/(m}\cdot\text{d)}]$$

$$= 10^3 \times 0.93 \times 0.06 \times 4.184 \times 2725 \times 10.6 = 6.744 \times 10^6 \ [\text{kJ/(m}\cdot\text{d)}]$$

式中，渠道水面吸收的太阳辐射系数 $\eta = 0.93$；根据玛纳斯县气象站资料，2013

年 3 月的太阳辐射量 R_s=8.17kcal/cm²·月=2725kcal/m²·d。由于红山嘴电站位于山区，太阳的直接辐射受山地的严重遮挡，且引水渠道为南北走向，渠水受太阳直接辐射时间很短，故这里太阳辐射以太阳散射辐射计算；根据《建筑设计资料集》查知太阳散射辐射热占总辐射热的百分比 a=6%=0.06；每米渠道的水面面积 $A = 1\times10.6 = 10.6\text{m}^2/\text{m}$。

(2) 每米渠床与水之间的热量交换 $\sigma_{地}$：

$$\sigma_{地} = \sigma_{地底} + \sigma_{地坡} = \beta_{地} A_1 (t_1 - 0.5 t_{混}) + 24\beta_{地} A_2 (t_2 - 0.5 t_{混}) \quad [\text{kcal}/(\text{m}\cdot\text{h})]$$

$$= 100.416\beta_{地} \left[A_1 (t_1 - 0.5 t_{混}) + A_2 (t_2 - 0.5 t_{混}) \right] \quad [\text{kJ}/(\text{m}\cdot\text{d})]$$

$$. = 100.416\times24.7\left[1\times(t_1 - 0.5 t_{混}) + 5.528\times(t_2 - 0.5 t_{混}) \right] .[\text{kJ}/(\text{m}\cdot\text{d})]$$

式中，渠道混凝土衬砌体的传热系数 $\beta_{地}$=24.7kcal/(m²·h·℃)；每米渠道渠底的面积 A_1=1×1=1m²/m，每米渠道渠坡的面积 A_2=1×5.528=5.528m²/m。

(3) 每米渠道渠水动能转化为热能所吸收的热量 $\sigma_{动}$：

$$\sigma_{动} = 2.342 HAiv_{混} \quad [\text{kcal}/(\text{m}\cdot\text{s})]$$

$$= 8.466\times10^5 HAiv_{混} = 8.466\times10^5\times2.743\times\frac{1}{2000}\times10.6 v_{混} \quad [\text{kJ}/(\text{m}\cdot\text{d})]$$

$$= 1.231\times10^4 v_{混}$$

式中，渠水的水深 H=2.743m；渠道的纵坡 i=1/2000；每米渠道的水面面积 A=10.6m²/m。

(4) 每米渠道水面的有效放射 $\sigma_{放}$：

$$\sigma_{放} = 4.184 A \left[2.6 - 2.34 n + 0.091 (t_{混} - t_{气}) \right]$$

$$= 4.184\times10.6\times\left[2.6 - 2.34\times0.6 + 0.091 (t_{混} - t_{气}) \right]$$

$$= 53.043 + 4.036 (t_{混} - t_{气}) \quad [\text{kJ}/(\text{m}\cdot\text{d})]$$

式中，天空被云所遮盖部分的分数 n=0.6。

(5) 每米渠道水面蒸发的热量耗失 $\sigma_{蒸}$：

$$\sigma_{蒸}=\frac{4.184\times130Adv_{风}}{0.6+0.1v_{风}}=\frac{543.92Adv_{风}}{0.6+0.1v_{风}}$$

$$=\frac{543.92\times3\times10.6\times0.87}{0.6+0.1\times3}=1.672\times10^{4}\qquad[\mathrm{kJ/(m\cdot d)}]$$

式中，根据玛纳斯县气象站资料，冬季风速 $v_{风}$=3m/s 最常见，三月的大气饱和差 $d=E-e$=0.87Pa；每米渠道的水面面积 A=10.6m²/m。

(6) 每米渠道水面与大气对流引起的热量交换 $\sigma_{对}$：

$$\sigma_{对}=\frac{4.184\times50Av_{风}\left(t_{混}+t_{气}\right)}{0.5+0.1v_{风}}=\frac{209.2Av_{风}\left(t_{混}+t_{气}\right)}{0.5+0.1v_{风}}$$

$$=\frac{209.2\times3\times10.6\left(t_{混}+t_{气}\right)}{0.5+0.1\times3}=8.316\times10^{3}\left(t_{混}+t_{气}\right)\qquad[\mathrm{kJ/(m\cdot d)}]$$

(7) 每米渠道随降雨落入渠道中的热量或下雪时耗失的热量 $\sigma_{雨雪}$：

$$\sigma_{雨雪}=m_{雪}\beta_{雪}A\qquad[\mathrm{kJ/(m\cdot d)}]$$

$$=5.3\times4.184\times80\times10.6=1.880\times10^{3}\quad[\mathrm{kJ/(m\cdot d)}]$$

式中，日降雪量取中量降雪量 $m_{雪}$=5.3mm/(cm²·d)=5.3kg/(m²·d)；雪的溶解热 $\beta_{雪}$=80kcal/kg；每米渠道的水面面积 A=10.6m²/m。

以红山嘴电站为对象，可将不冻长度式(5.17)简化如下：

$$L=\left(3.617\times10^{8}q_{注}t_{注}\right)\Bigg/\left\{\begin{array}{l}4.036\left(t_{混}-t_{气}\right)+8.316\times10^{3}\left(t_{混}+t_{气}\right)-\\1.231\times10^{4}v_{混}-100.416\times24.7\\\left[1\times\left(t_{1}-0.5t_{混}\right)+5.528\times\left(t_{2}-0.5t_{混}\right)\right]-6.725\times10^{6}\end{array}\right\}\qquad(5.18)$$

将红山嘴电站原型实测数据代入式(5.18)，得到各个融冰井运行下引水渠道的不冻长度计算结果如表 5.2。

表 5.2　红山嘴电站引水渠道不冻长度计算结果

桩号	井号	$W_{水}$ (10^8kJ/d)	$\sigma_{放}$ [kJ/(m·d)]	$\sigma_{蒸}$ [kJ/(m·d)]	$\sigma_{对}$ [kJ/(m·d)]	$\sigma_{雨雪}$ [kJ/(m·d)]	$\sigma_{对}$ [kJ/(m·d)]	$\sigma_{地}$ [kJ/(m·d)]	$\sigma_{对}$ [kJ/(m·d)]	不冻长度/m
0+900	5#	5.787	66.501	16720	27730	18805	6744	15846	7860	17606
1+300	6#	8.681	65.694	16720	26067	18805	6744	12337	8046	22762
3+100	8#	6.518	64.483	16720	23572	18805	6744	7776	8177	14562
3+600	9#	6.511	62.465	16720	19414	18805	6744	6294	8316	14980
4+400	10#	4.702	60.447	16720	15256	18805	6744	5349	8417	11435
5+250	11#	5.556	59.237	16720	12762	18805	6744	4663	8541	13928
6+600	13#	4.796	58.430	16720	11099	18805	6744	3752	8649	12001

根据表 5.3 计算出的不冻长度的结果得知，所计算的不冻长度值范围为 12.0～17.6km，均大于红山嘴电站各个融冰井之间的间距，这主要是因为原型观测时气温较高(–3.0～–1.0℃)。根据王峰等(2009)、铁汉和朱瑞森(1993)对红山嘴电站冬季抽水融冰运行下不冻长度的原型运行资料，以及王文学和丁楚建(1991)对金沟河电站冬季渠道升温运行下不冻长度的原型资料，利用式(5.17)进行计算，得到不冻长度计算结果如表 5.3 所示。在红山嘴电站大气温度为–32.0～–18.2℃下，原型观测不冻长度为 1.88～2.0km，计算得到不冻长度为 1.58～2.59km；金沟河电站在大气温度为–24.1～–16.3℃下，原型观测不冻长度为 4.10～6.42km，计算得到不冻长度为 4.68～6.82km，两者计算结果与原型观测结果基本一致。

表 5.3　各电站引水渠道不冻长度计算结果

电站	大气温度 $t_{气}$/℃	井水流量 $q_{井}$/(m³/s)	井水水温 $t_{井}$/℃	渠道混合流量 Q/(m³/s)	渠道混合水温 $t_{混}$/℃	渠道混合流速 $v_{混}$/(m/s)	每米水面面积 A[(m²/m)]	渠道水深 H/m	风速 $v_{风}$/(m/s)	$L_{原}$/m	$L_{推}$/m
红山嘴电站	–18.2	0.142	8.0	7.612	0.359	0.478	8.0	2.000	3	2000	2594
	–32.0	0.137	8.0	11.251	0.364	0.637	10.9	2.760	3	1875	1580
金沟河电站	–16.3	0.20	7.0	1.690	0.60	1.480	2.63	0.650	3	6415	6823
	–24.1	0.20	6.0	1.920	0.50	1.500	2.72	0.688	3	4099	4681

根据表 5.3 不冻长度计算结果可知，利用推导公式计算的红山嘴电站和金沟河电站不冻长度计算结果与实测结果相近，说明提出计算公式的可靠性。由于该式综合考虑了渠道混合流量、渠道混合水温、渠道混合流速、大气温度、风速、大气饱和差、降雪量、太阳辐射量、地温等多因素的影响，不仅符合热平衡原理，使计算结果更为准确，而且完全可以适用于各电站的不冻长度计算，适用范围更为广泛。

5.3.3　与其他公式的对比

下面以红山嘴电站为对象，根据其原型实测资料，应用各不冻长度公式分别计算出不冻长度，结果如图 5.2 所示，并分析比较每个公式的优缺点。

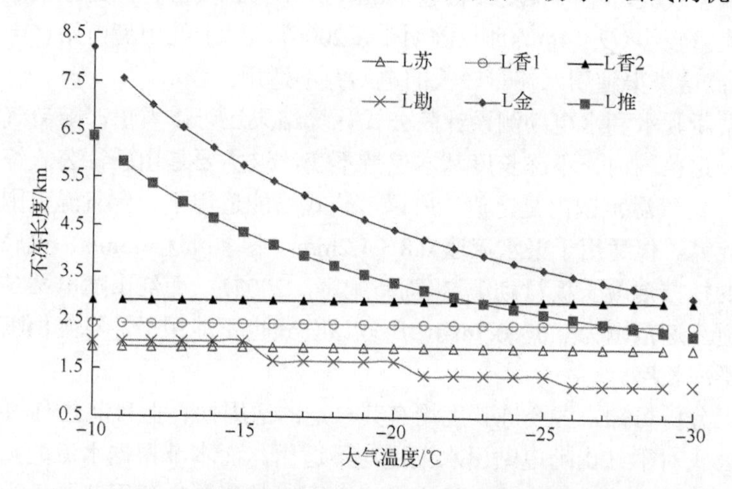

图 5.2　不同气温条件下各不冻长度计算结果对比

苏联的萨费罗诺夫公式：$L_{苏}=600h_{混}v_{混}t_{混}/\sigma$；青海香加公式：$L_{香1}=Kt_{混}Q_{混}/B_{混}^{e}$，$L_{香2}=600h_{混}v_{混}t_{混}/0.12$；新疆水利水电勘测设计院：$V_{勘}=K_{T}Q_{井}t_{井}/Q_{混}$；新疆金沟河经验公式：$W_{对}=209.34A(t_{气}+t_{混})\ V_{风}/(0.5+0.1V_{风})$

从图 5.2 可以看出，原苏联萨费罗诺夫公式 $L_{苏}$、香水电站公式 $L_{香1}$、$L_{香2}$ 计算出的不冻长度结果呈线性趋势变化，而新疆水利水电勘测设计院公式 $L_{勘}$、金沟河公式 $L_{金}$ 及本文推导公式的不冻长度计算结果呈乘幂趋势变化。从图 5.2 还可以看出，各计算公式得到的不冻长度结果差别较大，苏联萨费罗诺夫公式 $L_{苏}$ 和香加水电站公式 $L_{香1}$、$L_{香2}$ 计算结果显示随着气温下降，不冻长度变化趋于平缓，且无论外界大气温度有多低，其不冻长度几乎相等，这显然与不冻长度随温度降低而变短的规律不一致(赵梦蕾等，2016)，所以这 3 个公式都有各自的适用条件；究其原因，主要为各公式均是以某一电站引水渠道为原型所得到的经验公式，考虑影响因素较少，使得计算结果发生较大变化。如苏联萨费罗诺夫公式假设渠道深度 1m，渠水流速 1.0m/s，渠水水温 0.2℃，其不冻长度计算结果为 670m；计算表明，即使热耗失不大，即在温度较高气候条件下，计算得到不结冰的引水渠道的允许长度也是很小的，因此，该公式仅适用于当水源是温暖的泉水补给，或当上游具有较大蓄水库且引水渠道明流部分较短的情况。

根据本节公式 $L_{推}$ 和金沟河公式 $L_{金}$ 计算结果，随着气温下降，不冻长度缩短较快，其变化较为明显；但从图 5.2 明显可以看出，金沟河公式计算结果数值偏差较大，不冻长度最长达 8km，并不符合实际，因此该仅适用于引水渠道流量较小($Q<4m^3/s$)时(陈明千，2006)，对于红山嘴电站(Q=10.16～11.18m^3/s)这类渠道引水流量较大的电站并不适用。

根据新疆水利水电勘测设计院公式计算结果还可以看出，随着气温的降低，在一定范围内，不冻长度基本保持不变，这主要是由于该公式综合系数 K 值在一定气温范围内是定值，所以该公式只能适用于一定气温范围内的不冻长度计算，仅适用于渠水流速 0.8～1.2m/s，冬季风速≤5m/s，渠底高于地下水位的挖方混凝土板衬砌渠道(刘新鹏等，2007)；而红山嘴电站冬季运行引水渠道流速范围为 0.6～0.7m/s，所以该公式也不能用于计算红山嘴电站引水渠道不冻长度。

综上分析可知，各个冻长度均有其一定的适用性，但目前已有的 5 个不冻长度公式对于红山嘴电站引水渠道均不适用。而本节根据水流的热平衡理论推导出不冻长度计算公式，综合考虑各因素的影响，适用范围更为广泛，下面将结合计算结果进一步分析在不同水力、热力、气候条件下不冻长度的变化规律。

5.3.4　不冻长度的影响因素分析

从推导出的不冻长度公式式(5.5)～式(5.17)可以发现：不冻长度与渠道混合流量水温、太阳辐射量成正比，与大气温度、风速、大气饱和差、日降雪量成反比，为进一步了解各因素对不冻长度的影响，以红山嘴电站为例，对不冻长度的主要影响因素进行分析。

1. 井水注入量对不冻长度影响

从式(5.17)可知，井水注入量 $q_{注}$ 对从井水收入的热量 $W_{水}$ 影响较大，而从表 5.2 各分量的数值可知，通过井水收入的热量 $W_{水}$ 对渠道的不冻长度有显著的影响，从而可知，井水注入量 $q_{注}$ 对渠道的不冻长度影响较大。红山嘴二级电站引水渠道 5#井为例，假设外界大气温度为–20℃时，其他条件不变，仅改变井水注入量（$q_{注}$=0.04m^3/s、0.06m^3/s、0.08m^3/s、0.10m^3/s、0.12m^3/s、0.14m^3/s、0.16m^3/s、0.18m^3/s、0.20m^3/s 等），计算渠道的不冻长度，结果如图 5.3 所示。

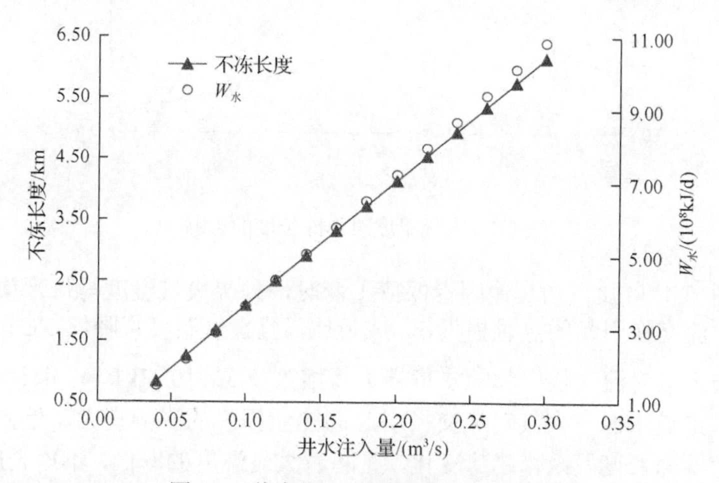

图 5.3　井水注入量对不冻长度的影响

从图 5.3 可以看出，从井水收入的热量 $W_{水}$ 及不冻长度均与井水注入量成正比关系，且随着井水注入量增加，从井水收入的热量就越多，增大最大幅度为 49.7%，最小幅度为 7.7%；同时，随着井水注入量的增加，渠道的不冻长度也不断增加，且井水注入量每增加 0.02 m^3/s，渠道的不冻长度便以每 400m 左右递增，说明单因素井水注入量对不冻长度影响较为明显。在实际工程中，增加井水注入量是提高渠道混合水温、增大渠道不冻长度，防止渠道冬季运行冰害最直接有效的方法。

2. 大气温度对不冻长度影响

根据式(5.4)～式(5.16)可知，大气温度仅对每米渠道水面的有效放射 $\sigma_{放}$ 和大气对流交换引起的热量损失 $\sigma_{对}$ 有影响，而从表 5.2 可知，$\sigma_{对}$ 对渠道不冻长度影响较大，$\sigma_{放}$ 对渠道不冻长度影响较小。采用红山嘴电站原型实测资料，以 5#井为例，仅改变外界大气温度，其余因素不变，对渠道不冻长度和大气对流交换引起的热量损失 $\sigma_{对}$ 进行计算，结果如图 5.4 所示。

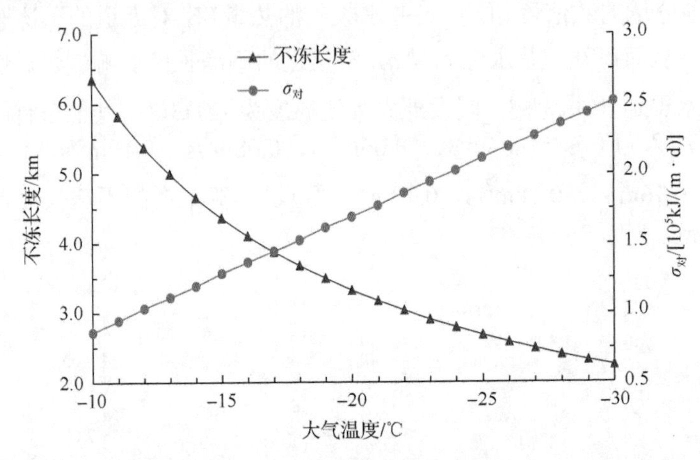

图 5.4 大气温度对不冻长度的影响

由图 5.4 可知，当其他因素保持不变时，外界大气温度与每米渠道水面与大气对流交换引起的热量损失 $\sigma_{对}$ 成反比，且大气温度每降低 1℃，每米渠道水面与大气对流交换引起的热量损失将增大 8.3×10^3 [kJ/(m · d)]，说明气温对每米渠道水面与大气对流交换引起的热量损失的影响较大。外界大气温度与渠道不冻长度呈乘幂趋势变化，且随着大气温度的降低，不冻长度越短，且气温每降低 5℃，不冻长度减小的最大幅度为 31.3%，最小幅度为 16.1%，说明大气温度对不冻长度影响较为显著。在实际工程中，外界气温无法人为控制，随着气温降低，渠道不冻长度变短。

3. 风速对不冻长度影响

从式(5.14)、式(5.15)中可知，每米渠道水面蒸发的热量耗失和每米渠道水面与大气对流交换引起的热量损失均与风速有关，风速变大，无疑会加大水面蒸发和水面与大气对流交换。以 5#井为例，当大气温度为−20℃，渠道混合流量、温度、太阳辐射量、日降雪量等其他条件不变时，对不同风速下($v_{风}$=0.5m/s、1.0m/s、1.5m/s、2.0m/s、2.5m/s 等)的不冻长度进行计算，结果如图 5.5 所示。

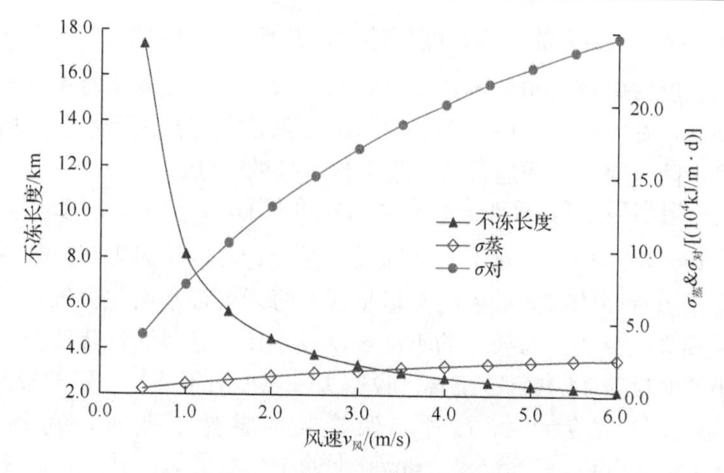

图5.5　风速对不冻长度的影响

从图 5.5 可以发现，风速与每米渠道水面蒸发的热量耗失、每米渠道水面与大气对流交换热损均呈对数趋势变化，且风速每增加 1m/s，每米渠道水面蒸发的热量耗失和每米渠道水面与大气对流交换的热损均成倍增加，这无疑会影响渠道的不冻长度。不同风速条件下渠道不冻长度呈乘幂趋势变化，且随着风速加大，渠道不冻长度也越短，且不冻长度减小的最大幅度为53.0%，最小幅度为 4.3%，说明风速对不冻长度的影响也较为明显。因而在实际工程中，引水式电站引水渠道应修建在风速较缓或挡风处，以减小渠道水面与大气交换的热量损失和水面蒸发热损。

5.4　本章小结

根据水流的热平衡方程推导出渠道的不冻长度计算公式，并以红山嘴电站原型实测数据进行验证；分析不同水力、热力、气候条件对渠道不冻长度的影响，主要结论如下：

(1) 利用原型实测资料对得出的不冻长度进行计算，结果显示：公式计算结果与原型电站引水渠道的不冻长度一致，证明不冻长度公式的可靠性。

(2) 根据不冻长度计算公式可知，不冻长度与井水注入量、井水水温、太阳辐射量成正比，与大气温度、风速、大气饱和差、日降雪量成反比。

(3) 当外界大气温度为–20℃时，仅改变井水注入量（$q_{注}$=0.04m^3/s、0.06m^3/s、0.08m^3/s、0.10m^3/s、0.12m^3/s、0.14m^3/s、0.16m^3/s、0.18m^3/s、0.20m^3/s），保持其他条件不变，计算不冻长度，结果表明：井水注入量越大，渠水收入

的热量$W_{水}$越大，渠道的不冻长度也越大，井水注入量每增加 0.02 m^3/s，渠道的不冻长度便以每 400m 左右递增，说明渠道井水注入量对不冻长度的影响较为显著；在实际工程中，增加井水的注入量是提高渠道水温，增大渠道不冻长度，防止渠道冬季运行冰害最直接有效的方法。

(4) 在相同环境下，仅改变外界大气温度(当$t_{气}$ = –10 ℃、–11℃、–12℃、–13℃、–14℃、–15℃)，对渠道不冻长度进行计算，结果表明：外界大气温度与每米渠道水面的有效放射的热量损失、每米渠道水面与大气对流交换引起的热量损失成反比，与渠道的不冻长度成正比，且气温每降低 5℃，不冻长度减小的幅度为 16.1%～31.3%，说明大气温度对不冻长度影响较为显著。

(5) 在大气温度为–20 ℃时，保持其他条件不变时，对不同风速($v_{风}$=0.5m/s、1.0m/s、1.5m/s、2.0m/s)下的不冻长度进行计算，结果表明：风速与渠道的不冻长度成反比，随着风速的加大，渠道的不冻长度变短，且不冻长度减小的幅度为 4.3%～53.0%，说明风速对不冻长度的影响也较明显。

第 6 章　单井条件下抽水融冰过程概化模拟

为研究抽水融冰对高寒区引水渠道水温变化过程的影响，以新疆红山嘴电站引水渠道为研究对象，对单井条件下抽水融冰引水渠道水温变化过程进行数值模拟。通过对模拟结果与原型观测结果对比研究，验证数值模型的可靠性。最后分别模拟井水流量、渠道流量、井水温度、渠道水温、流量和温度同时变化等不同边界条件下引水渠道水温沿程变化规律。结果表明：井水流量和井水温度变化与混合后水温成正比，井水流量越大，水温越高，渠道增温效果越明显；渠道流量变化与混合后水温成反比，渠道流量越大，井水的增温效果越不明显；渠道水温与混合后水温成正比，渠道水温越低，混合后水温也越低；渠道引水温度降低为原来 0.25 倍，同时井水流量增大至原来 4 倍，模拟结果表明：混合后水温比原来上升 0.14～1.43℃，因此，在实际工程中，增加井水流量是抽水融冰最有效的方法。

6.1　研 究 背 景

随着计算流体力学及计算机软硬件的快速发展，直接建立紊流数学模型对引水式电站引水渠进行数值模拟已成为可能。现有抽水融冰的数值模拟研究成果主要集中在冰塞、冰盖以及河渠内冰水变化规律等方面。如茅泽育等(2005，2008)通过二维数值模型研究天然河道水中冰在冰盖下的输移规律及其对河道封冻的影响；王军等(2009)结合冰塞面变形方程，模拟了平衡冰塞堆积过程；朱芮芮等(2008)利用水力学模型和热力学模型模拟分析无定河流域凌汛形成的原因；吴剑疆等(2003)通过建立的垂向二维紊流数值模型分析河道内水中冰的形成演变过程；刘孟凯等(2011)通过初步建立的长距离控制渠系响应模型分析在结冰期冰盖糙率等对渠系水力响应的影响，也对水温变化等过程进行了模拟仿真；高霈生等(2003)对南水北调工程郑州至北京段干渠沿程水流温度变化过程进行了模拟研究；陈武等(2012)利用建立的三维流固耦合对流换热数值模型，对封闭性渡槽的水温变化过程进行了模拟分析；陈明千(2006)建立了一维冰花生成与消融数学模型，分析了西藏地区引水式水电站引水渠道内冰形成和消融的影响因素；王晓玲等(2009，2010)根据建立的三维非稳态欧拉两相流模型，模拟了引水流量和气温变化下引水渠道水流温度、流速与冰体积分数沿程分布规律。

国外对河流冰水力学数值模拟研究起步于1960～1970年，研究多集中于一、二维河流冰塞和冰盖方面。Zufelt 和 Ettema(2000)利用建立的一维冰水耦合运动冰塞动力学非恒定模型，对冰塞的形成过程进行了模拟研究；Shen 等(2000)、Shen 和 Liu(2003)建立了二维动态河冰模型，模拟 Mississippi 和 Shokotsu 河冰塞形成过程；Jasek 等(2001)建立一维冰下过流量数学模型，估算加拿大 Dawson 市附近 Yukon 河段冰期过流量；Hopkins 和 Tuthill(2002)通过离散单元法，模拟分析了矩形水槽中拦冰栅与冰的相互作用及其负荷分布；She 和 Hicks(2006)探讨了冰的复杂性，并对 Shokotsu 河冰塞的形成发展过程进行了模拟研究；Wang 和 Doering(2005)模拟了水内冰演变过程；Chen 等(2005)将冰分为表层浮冰和悬浮于水中的水内冰两部分，分别模拟了两层中水温和悬浮冰花的浓度分布。

以上研究表明，国内外对抽水融冰直接研究成果很少，数值模拟主要集中在水流中冰的形成和演变过程；同时抽水融冰是冰花消融过程，与已有研究中河渠内冰演变过程正好相反。因此，本章运用 FLUENT 软件，对引水渠道抽水融冰水温变化过程进行数值模拟，并与原型观测结果进行对比，分别对井水流量、渠道流量、井水温度、渠道水温及流量和温度同时变化等不同边界条件，引水渠道水温变化过程进行数值模拟，为引水式水电站引水渠道冬季运行提供理论依据与技术支持。

6.2　抽水融冰基本数学模型及验证

6.2.1　基本数学模型

本研究模拟主要的控制方程如下：

对于常态下水体，密度与温度的关系可表示为(邓云，2003)

$$(\rho-\rho_0)g \approx -\rho_0\beta(T-T_0)g \tag{6.1}$$

式中，β 为热膨胀系数；ρ 为密度，kg/m^3；T 为温度，℃；ρ_0 为参考状态的密度，kg/m^3；T_0 为参考状态的温度，℃。

对于天然水体，忽略压力对密度影响，则密度与温度关系可近似为(郑铁刚等，2015)：

$$\rho=(0.102027692\times10^{-2}+0.677737262\times10^{-7}\times T-0.905345843\times10^{-8}\times T^2 +0.864372185\times10^{-10}\times T^3-0.642266188\times10^{-12}\times T^4+0.105164434\times10^{-17} \times T^7-0.104868827\times10^{-19}\times T^8)\times9.8\times10^5 \tag{6.2}$$

Boussinesq 认为，在密度变化不大的浮力流问题中，控制方程可以只在重力项中考虑密度的变化，而在其他项中忽略浮力作用。

连续性方程

$$\frac{\partial\rho}{\partial t}+\frac{\partial(\rho u_i)}{\partial x_i}=S_{\mathrm{m}} \tag{6.3}$$

式中，ρ 为密度，$\mathrm{kg/m^3}$；t 为时间，s；u_i 为 i 方向上的流速，m/s；源项 S_{m} 为加入到连续相的质量，kg。

动量方程：

$$\frac{\partial(\rho u_i)}{\partial t}+\frac{\partial(\rho u_i u_j)}{\partial x_j}=-\frac{\partial p}{\partial x_i}+\frac{\partial\tau_{ij}}{\partial x_j}+\rho g_i+F_i \tag{6.4}$$

式中，p 为静压，Pa；τ_{ij} 为应力张量；g_i 和 F_i 分别 i 方向上的重力体积力和外部体积力，N，F_i 还包含其他的模型相关源项。其中，应力张量 $\tau_{ij}=\mu\left[\left(\frac{\partial u_i}{\partial x_j}+\frac{\partial u_j}{\partial x_i}\right)-\frac{2}{3}\frac{\partial u_l}{\partial x_l}\delta_{ij}\right]$。

能量方程

$$\frac{\partial(\rho T)}{\partial t}+\mathrm{div}(\rho uT)=\mathrm{div}\left(\frac{k}{c_p}gradT\right)+S_{\mathrm{T}} \tag{6.5}$$

式中，c_p 为比热容，J/(kg·K)；T 为温度，K；k 为流体的传热系数，W/(m·K)；S_{T} 为流体的内热源及由于黏性作用流体机械能转换为热能部分，J/kg·mol·K。其中 c_p，k，S_{T} 在 FLUENT 求解器中设为液态水默认值常数，分别为 c_p = 4182 J/(kg·K)，k =0.6 W/(m·K)，S_{T} = 69902.21J/kg·mol·K。

6.2.2　基本数学模型验证

采用美国陆军工程师团水道试验站 Johnson 于 1980～1981 年为模拟分层水库动力学模型而做的室内试验对三维计算模型进行验证，试验模型如图 6.1 所示。该模型总长 24.39m，前段长 6.1m，底部水平，深度 0.3m，宽度从进水口的 0.3m 线性变化至 0.91m；后段长 18.29m，深度由 0.3m 线性变化至坝址处的 0.91m，变化坡度为 1:3。试验模型水库进水口是距离底部 0.15m 高的孔口，出口设置在坝址处的底部上方 0.15m 位置，进、出口位置见图 6.1。试验水槽内初始时刻充满 21.44℃的水体，然后将 16.67℃的冷水从入口距离底部 0.15 m 的孔口引入水槽，试验入流流量和出流流量均为 $0.00063m^3/s$。

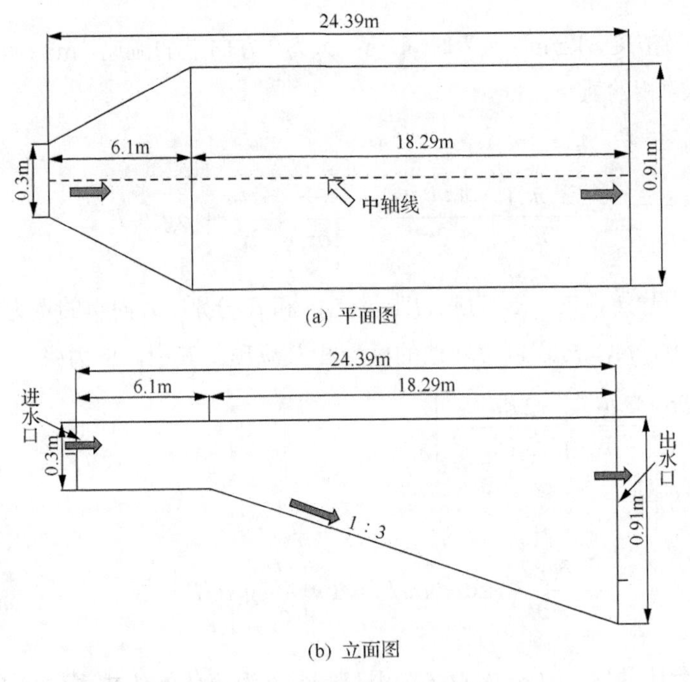

图 6.1　试验水库总布置图

在数值模拟中，由于水库模型为横向对称模型，为提高计算效率取水库一半作为计算域。水槽长度方向分辨率为 0.2～0.5m，宽度方向分辨率为 0.03～0.09m，水平网格数为 48×10，垂向分为均匀 24 层，网格划分如图 6.2 所示。计算过程中，上游给定孔口流量，入流水温控制为 16.67℃，κ、ε 由经验公式计算得出，分别为 $1.838\times10^{-7}m^2/s^2$ 和 $6.564\times10^{-10}m^2/s^3$；出口边界为充分发展的紊流，所有变量为零梯度；表面采用刚盖假定，垂向流速为 0，其他变量的法向梯度为 0；库底采用标准壁面函数给定边界，且热通量给定零条件；对称面上给定对称边界，同样设置法向零梯度。计算初始时刻流速为 0，水温为 21.44℃，计算初始步长为 1s，随着计算的稳定步长逐渐增加。

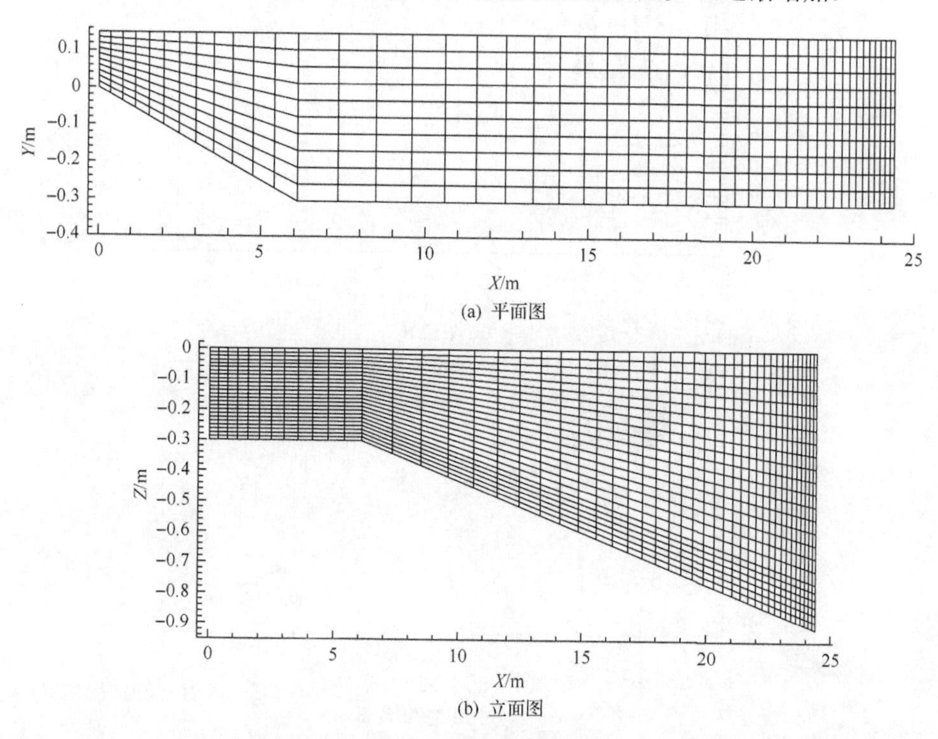

(a) 平面图

(b) 立面图

图 6.2　水库模型计算网格划分

图 6.3～图 6.6 分别绘出了 T=6min、10min、16min 和 36min 时水库内温度场和流场的立面分布。可以明显地看出低温水进入水槽后，由于密度较大迅速下潜至底部。水槽中冷水和暖水形成明显的温度跃层，由于温跃层水体层结非常稳定，抑制水体热量跨越界面的交换，上层热量很难输送到下层冷水中。冷水沿水槽底部运行过程中，在剪切力作用下，上层水体产生反向流动，在水槽中形成立面环流。随着冷水前锋的推进，冷水势力不断加强，等温线向上凸起，冷水层厚度增大，漩涡范围也逐渐扩大。16min 后，冷水前锋到达坝址，漩涡被推向下游，并占据整个库区，等温线趋于和库底平行，冷水层达到正常的厚度。到达坝址后，随着冷水的继续注入，低温潜流层的部分水体从出水口流出，下泄水温降低，还有一部分低温水受到坝址阻挡向

上翻滚，使上层高温水体逐渐降温。随着时间的推移，漩涡强度逐渐减小，库区内水体温度分布达到平衡，出流温度稳定。从整个过程看，本模型真实再现了试验水槽内的物理现象，正确地模拟了浮力流体独特的流动性质。

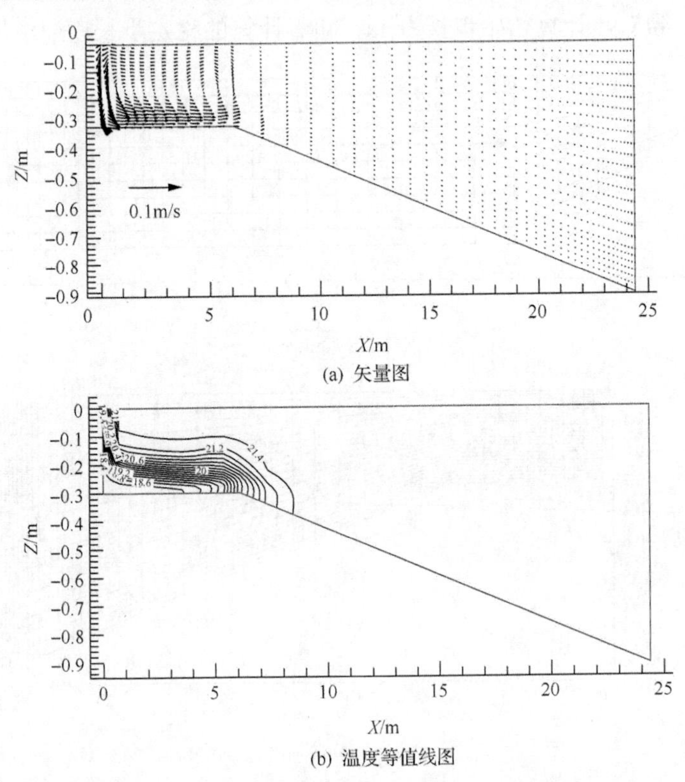

(a) 矢量图

(b) 温度等值线图

图 6.3　T=6min 温度等值线图对称面位置流速矢量及温度等值线图

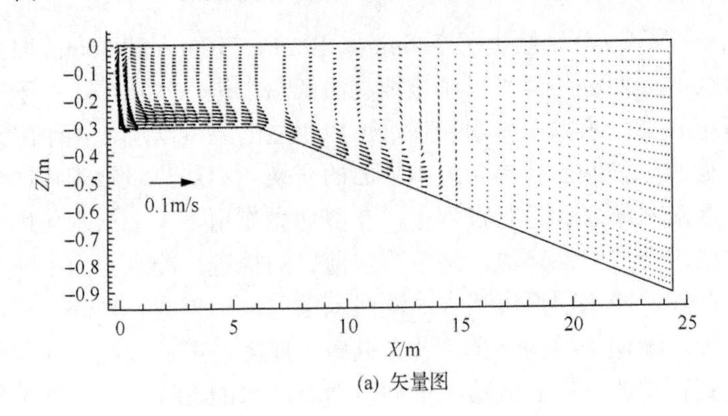

(a) 矢量图

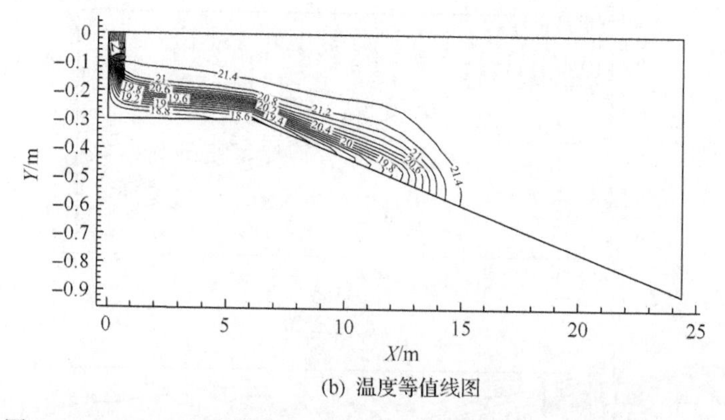

(b) 温度等值线图

图 6.4　T=10min 温度等值线图对称面位置流速矢量及温度等值线图

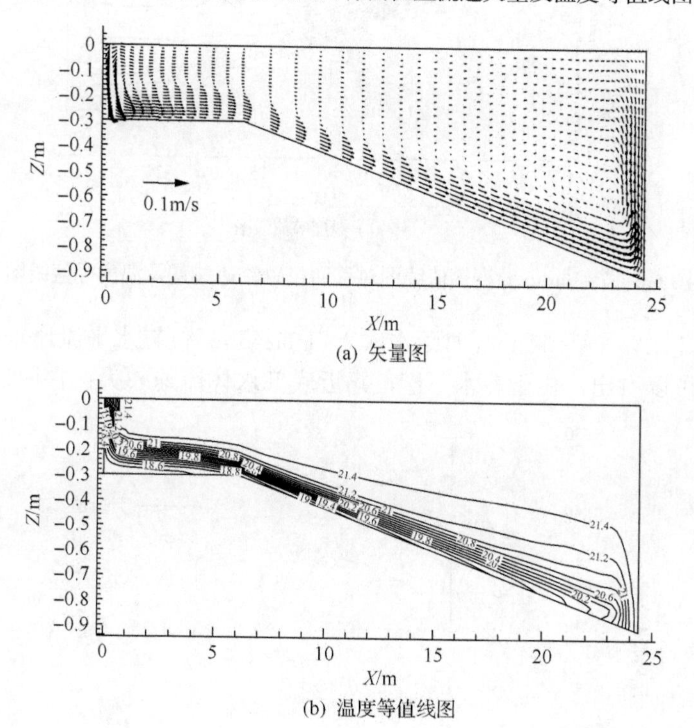

(a) 矢量图

(b) 温度等值线图

图 6.5　T=16min 温度等值线图对称面位置流速矢量及温度等值线图

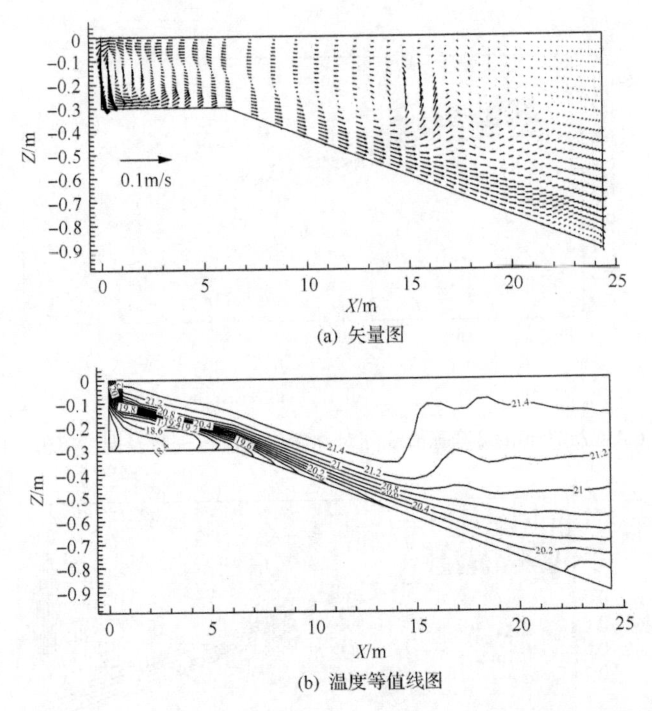

(a) 矢量图

(b) 温度等值线图

图 6.6　*T*=36min 温度等值线图对称面位置流速矢量及温度等值线图

图 6.7 比较了 *T*=11 min 时距水库入口 11.43 m 位置水平流速垂向分布。由图 6.7 可以看出，由于冷水下潜，靠近底部水体流速较大；在剪切力作用

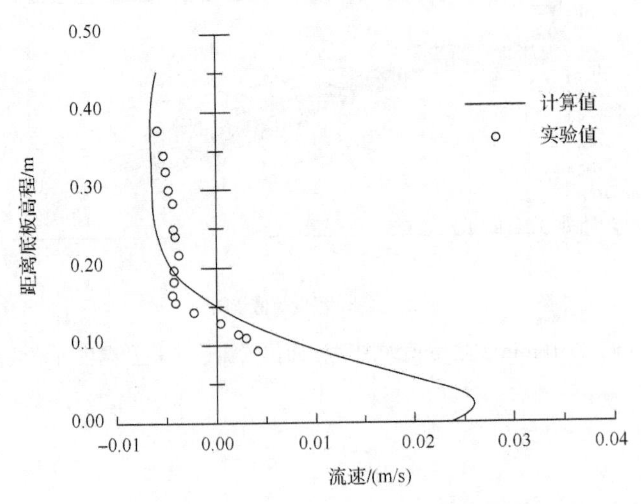

图 6.7　*T*=11min 时距入口 11.43m 水平流速垂向分布

下，随着距底板高度的增加，流速逐渐减小，且表层高温水出现负向流速，实测值和计算值流速分布规律基本一致，充分体现了本研究所采用紊流模型的有效性。

综上所述，采用本研究中建立的计算模型进行浮力分层流的计算是可行的，可用于抽水融冰电站水温沿程变化的预测分析。

6.3　红山嘴电站引水渠道单井抽水融冰模型建立

6.3.1　计算模型及网格生成

抽水融冰的过程实际上是不同温度和不同流量水混合的过程，温度高的井水注入渠道中使水温升高，本节采用标准 k - ε 紊流模型来连续和封闭动量方程。由于本节主要研究引水渠道水温变化过程，认为模拟过程中阳光辐射、地下水渗入等因素不会发生较大变化，所以模拟结果仅考虑井水与渠道水混合温度变化，而大气温度设置为原型观测时大气实际温度，忽略混合过程中阳光辐射、地下水渗入等其他因素的影响。

以新疆玛纳斯河流域红山嘴电站为例，选取最具代表性的 5#井前后断面建立引水渠 3D 模型研究不同条件下水温沿程变化情况。实际中可能存在多口井同时运行情况，如二级引水渠的 5#、6#、8#、9#、11#、13#等多口井同时运行时，水温变化会有一定耦合影响作用。但模拟过程中对一口井模拟的方法与 5#、6#、8#、9#、11#、13#等多口井同时运行模拟的方法相同；对于 5#、6#、8#、9#、11#、13#等多口井同时运行的耦合影响，变化的只是每口井的井水流量和温度对其下游的影响。由于各井的流量仅占渠水流量的 1.3%～2.4%，所以井水水温的影响仅限于下游相邻融冰井之间范围的渠道水温。根据原型观测结果，在注水点约 30～50m 后井水对引水渠道水温变化的影响就不明显了，多口井同时运行时井水水温变化的耦合影响很小。因此，单井模拟水温的变化规律结果在一定程度上代表实际运行中引水渠道水温的变化过程。

模型断面为梯形，上底为 10.6m，下底为 1.0m，深 4.5m，长 40.0m，并生成网格，网格划分采用结构网格和非结构网格相结合，网格单元总数量为 27 万，主流、水深和宽度方向上计算网格单元尺寸均为 0.1～0.3m；井水进水口附近计算网格划分较密，以提高计算精度，最小尺寸设置为 0.025m×0.025m×0.025m，最大尺寸设置为 0.05m×0.05m×0.05m，网格如图 6.8 所示。本模型左侧为渠道入口，在入口下游 10m 处为井水注入口，注入口下游30m是混合后渠道水出口，井水注入渠道混合后将全部由出口流出。由于大多数融冰井因外界气温较低，加上积雪覆盖，注水口处容易形成一道类似于封闭管道的冰体通道直接从渠道水面以下注入渠道，所以模型中将井水注入口设置为渠道水面以下0.3m处。

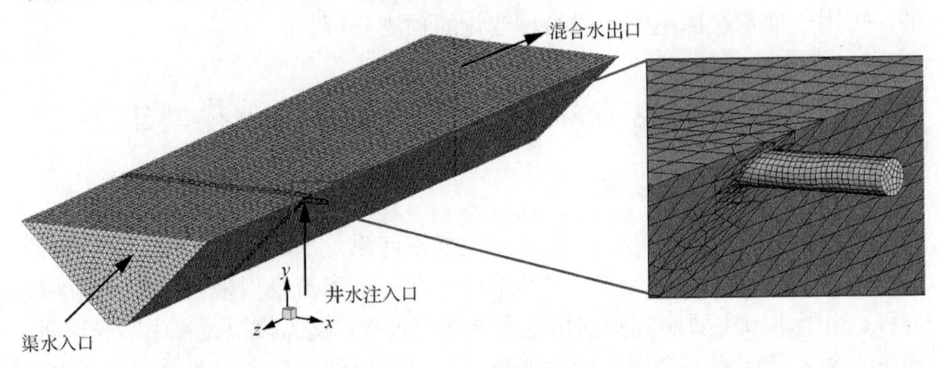

图6.8　计算网格示意图

6.3.2　边界条件

渠道水和井水入口给定流量和水温边界，渠道出口为自由出流边界。由于渠道水面波动较小，本节采用刚盖假定模拟自由水面，同时给定外界大气温度边界。渠道边壁设置为绝热边界。其中，边界条件中流量、水温及大气温度均根据原型实测资料确定(表6.1)。

表6.1　实测数据边界条件

井号	井水水温/℃	抽出水量/(m^3/s)	井前渠道水温/℃	井前渠道流量/(m^3/s)	井后渠道流量/(m^3/s)	大气温度/℃
5#	10.00	0.16	0.18	10.00	10.16	−3.00

6.4　模拟结果及分析

6.4.1　模拟结果与实测结果对比

根据原型观测结果，得到融冰井前后渠水温度和井水出水温度(图6.9)。融冰井水温基本在10℃左右，远高于水的冰点0℃，足以保证融冰的效果；所有混合后水温均高于0℃且均比混合前渠道水温高0.1～0.3℃，由此抽水融冰对于渠道水体增温效果是显而易见的。

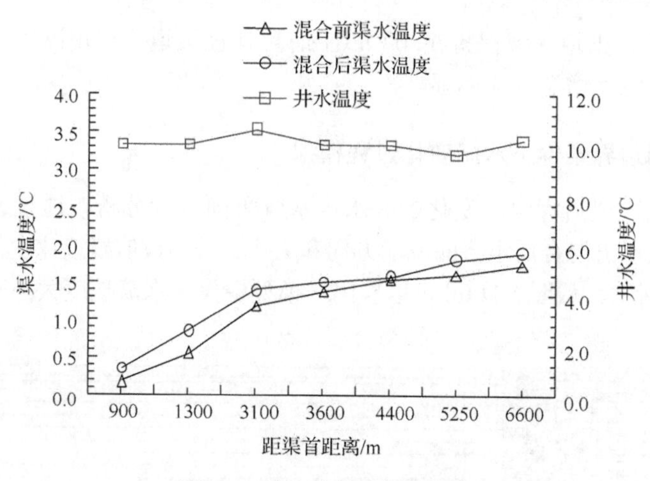

图 6.9　融冰井前后渠水温度

以表 6.1 参数为数值模拟的边界条件，模拟渠水和井水混合后水温沿程变化过程，得到井水和渠水混合后沿程水温，提取井水进水管平面距右岸 0.18m 处(原型观测取水位置)的沿程水温数据，与实测结果进行对比，结果如图 6.10 所示。原型观测渠道混合水温和模拟渠道混合水温两条曲线变化趋势基本一致，两条曲线每个监测点温度差也变化不大；两者最大相对误差为 13.54%，最小相对误差为 1.43%，平均相对误差为 6.14%，均小于 15%，在允许范围内(Moriasi et al., 2007)。由此可知，本研究采用计算模型准确可靠，数据可信。

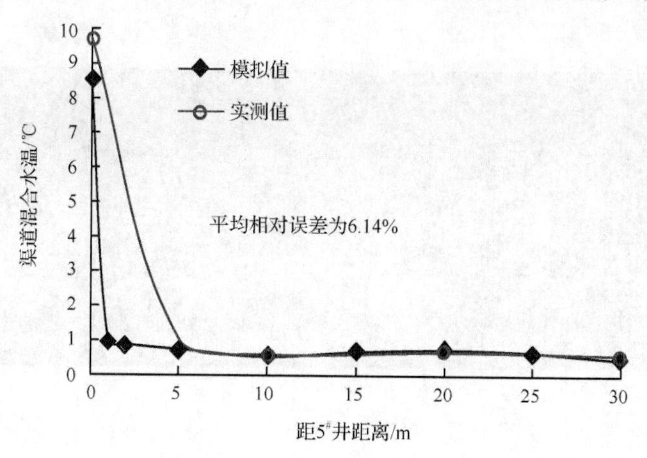

图 6.10　混合水温模拟与实测值对比

根据数值模拟结果和原型观测结果可以得出，引水渠 5#井可提高渠道水温值 0.08℃，渠道水温保持在 0℃以上时可保证渠道不出现冰害，理论上也验证了抽水融冰增温效果明显。

6.4.2　不同边界条件下水温变化过程模拟

取最能表现沿程温度变化的井水进水管平面进行分析，通过速度矢量场可以清晰显示出混合后水流的流动方向和大小，5#井数值模拟速度矢量结果如图 6.11(a)所示。从图 6.11(a)可以看出，模型中渠道水流速度大小基本一致，

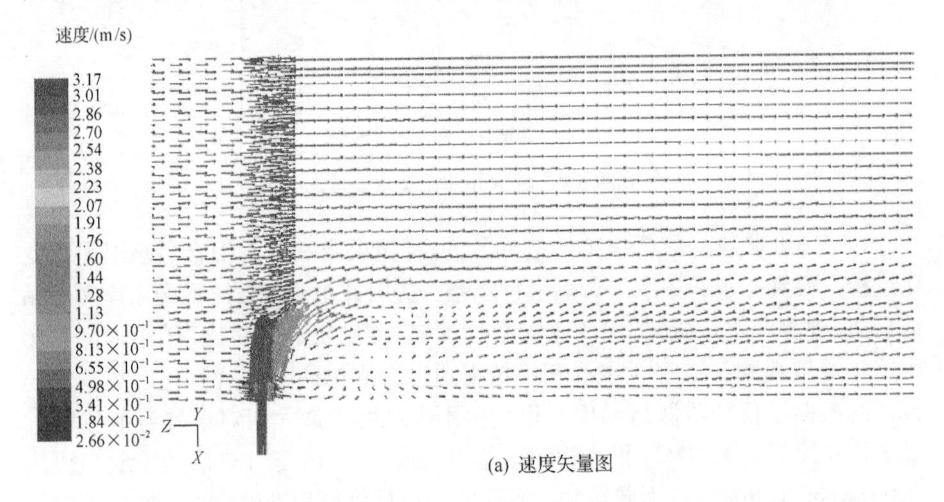

(a) 速度矢量图

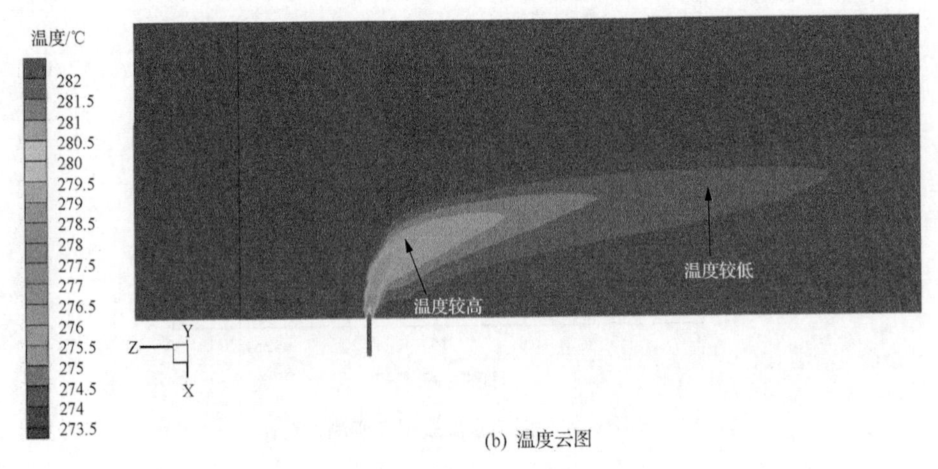

(b) 温度云图

图 6.11　速度和温度的数值模拟结果

仅在井水注入处有较小变化，混合一段距离后渠道水流方向大小又恢复基本一致状态。

此外，图 6.11(b)给出了本次数值模拟的温度云图。由于渠道流量远大于井水流量，所以从云图上观察渠道水温变化不明显，但根据数值模拟结果，在井水注入渠道混合后，渠道水温上升 0.08℃。下面对不同边界条件情况进行数值模拟，研究单因素变化对抽水融冰效果的影响，以及实际工程最可能采用的多因素同时变化方法对融冰效果的影响等。

1. 井水流量变化对抽水融冰结果影响

渠道流量保持不变，井水流量变为原来 0.6 倍、0.8 倍、1.2 倍和 1.4 倍等 4 种工况，模拟抽水融冰效果。提取渠道出口断面混合水温的平均温度，得到模拟渠水和井水混合后水温结果如图 6.12 所示。

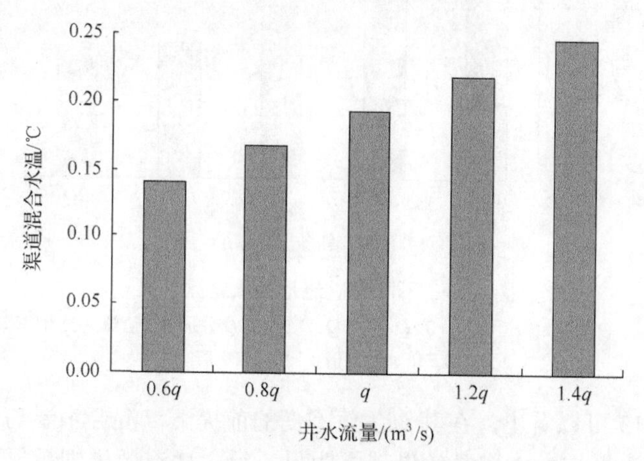

图 6.12　不同井水流量抽水融冰结果

q 为 5#井原始井水流量，0.6q、0.8q、1.2q、1.4q 分别为井水流量变为原来的 0.6 倍、0.8 倍、1.2 倍和 1.4 倍

从图 6.12 可以看出，井水与渠道水温等外界条件不变的情况下，保持渠道流量不变，混合水温与井水流量成正比，井水流量越大，增温效果越明显。井水流量增加为原来 1.2 倍和 1.4 倍后，混合后水温增大的最大幅度分别为 14%和 27%；井水流量减小为原来 0.6 倍和 0.8 倍后，混合后水温减小的最大幅度分别为 27%和 14%；从模拟结果还可以看出，井水流量增加至原来 1.4 倍后混合水温与原始井水流量混合水温差值，基本是井水流量增加至原来 1.2 倍后混合水温与原始井水流量混合水温差值的 2 倍，说明单因素井水流量变

化与渠道混合后水温成正比关系，增加井水流量对渠水增温效果显著。实际工程中井水水温很难升高，通过加大井水流量方法可有效提高引水渠道混合后水温，从而更容易实现引水渠道增温效果。

2. 渠道流量对抽水融冰结果影响

井水流量不变，渠道流量变为原来0.5倍、0.75倍、1.5倍和2倍，模拟抽水融冰效果。同样提取渠道出口断面混合水温的平均温度，得到渠水和井水混合后水温模拟结果如图6.13所示。

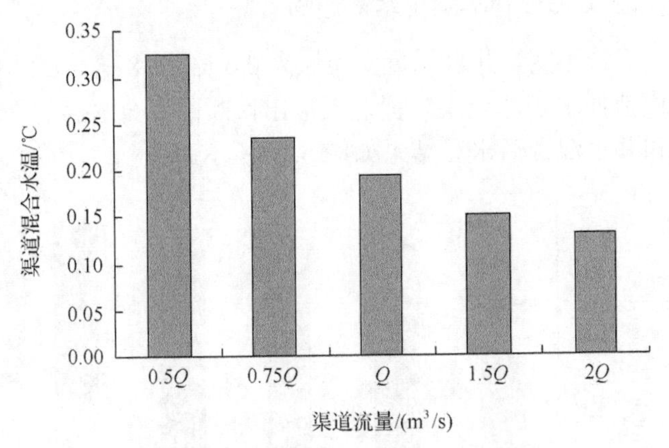

图6.13　不同渠道流量抽水融冰结果

Q为原始渠道流量，0.5Q、0.75Q、1.5Q、2Q分别为渠道流量变为原来的0.5倍、0.75倍、1.5倍和2倍

从图6.13可以看出，在其他条件不变的前提下，混合水温与渠道流量成反比，渠道流量越大，增温效果越不明显，反之增温效果则越显著，这与实际工程运行情况相符；渠道流量变为原来1.5和2倍后，混合后水温降低的最大幅度分别为29%和33%；渠道流量变为原来0.5和0.75倍后，混合后水温升高的最大幅度分别为67%和22%；且渠道流量变为原来2倍导致的水温降低幅度明显小于渠道流量减小到0.5倍导致水温升高的幅度。这说明实际工程中引水渠流量变大会引起混合水温降低，但对渠水温度影响与井水流量变化结果相比敏感性较低，进一步表明通过增大井水流量方法使渠水升温效果的可行性。

3. 井水温度对抽水融冰结果影响

井水与渠道流量保持不变，在渠道水温不变的条件下，将井水水温在原基础上降低2℃、1℃和升高1℃、2℃，分别模拟4种工况下混合水温变化情况。提取井水进水管平面沿程混合水温的平均温度，得到混合水温结果如图6.14所示。

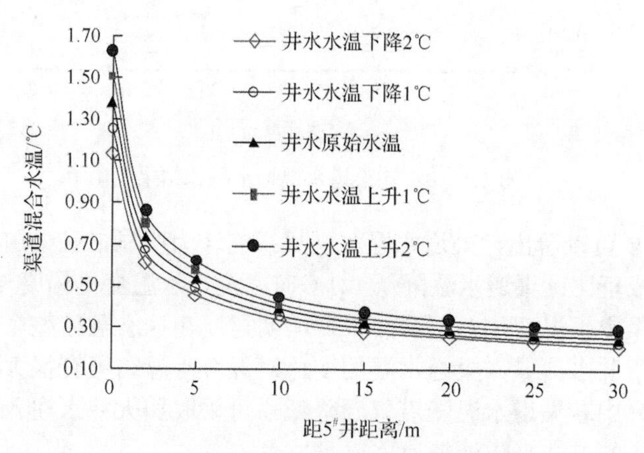

图6.14　不同井水温度抽水融冰结果

从模拟结果看出，井水水温与混合后水温成正比，井水水温直接影响渠道增温效果。从增温效果来看，井水温度上升1℃和2℃后，混合后水温增大的最大幅度分别为9%和18%；井水温度下降2℃和1℃后，混合后水温减小的最大幅度分别为18%和9%；从模拟结果还可以看出，井水温度增加2℃渠道水温的增幅与井水温度降低2℃渠道水温的降幅相等。由此可知，井水温度的升高无疑会增加渠道增温效果，且对于同一口融冰井，井水温度的增加与渠道增温效果成正比，通过井水温度增加大小可模拟得出渠道增温幅度，对实际工程有较强的指导作用。

4. 渠道水温对抽水融冰结果影响

在渠道和井水流量保持不变条件下，模拟渠道水温变化对抽水融冰效果影响，变化条件为：分别降低和升高0.1℃、0.2℃。同样提取井水进水管平面沿程混合水温的平均温度，得到模拟混合水温结果如图6.15所示。

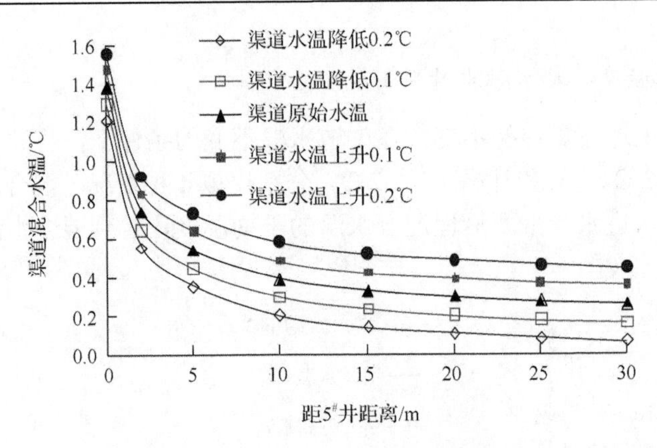

图 6.15　不同渠道水温抽水融冰结果

从图 6.15 可以看出，渠道水温对结果影响较为明显，且渠道水温与混合后渠道水温成正比；渠道水温降低 0.1℃时，混合水温变化幅度与升高 0.1℃基本相同；渠道水温变化对混合结果影响明显；在抽水融冰整个过程中，渠道流量远大于井水流量，渠道水温的变化对混合水温结果有很大的影响。由此可知，实际中若渠道水温随着气温降低，可采取加大井水注入量和合理布局井水注入点的方法来防治渠道冰害。

6.4.3　流量与温度同时变化对抽水融冰效果的影响

1. 抽水融冰数值模拟结果

由不同边界条件下水温变化过程模拟结果可知：井水水温越高、流量越大，增温融冰效果越明显；渠道水温越低、流量越大，井水增温效果被减弱，融冰效果不明显。在上述几种工况中，渠道水温变化是最常出现的，渠道水温的降低最容易产生冰害问题，且最常用的解决方法是增大井水流量。所以下文将对渠道引水水温降低到原来 0.25 倍，同时井水流量增加至原来 4 倍时渠道抽水融冰效果进行模拟研究，该工况对工程实际意义较大，可为电站实际运行中类似情况提供参考。

提取井水进水管平面沿程混合水温的平均温度，得到模拟结果如图 6.16 所示。从图 6.16 可以看出，在仅使渠道引水温度降低为原来 0.25 倍工况下，混合后水温降低明显，距井 30m 处水温已降至 0.13℃以下。分析表明，在渠道温度降低为原来 0.25 倍同时使井水流量增大至原来 4 倍边界条件下，渠道增温效果明显，混合后水温比渠道温度降低条件下上升 0.14～1.43℃，混合水温基本都保持在 0.3℃以上。

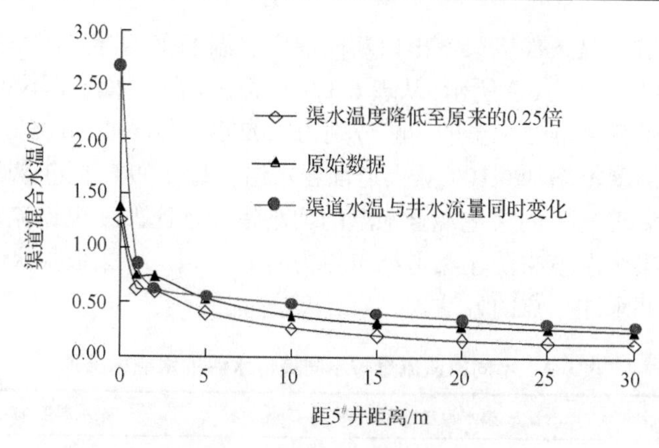

图6.16　渠道引水温度与井水流量同时变化模拟结果

2. 井水流量与温度变化对抽水融冰效果影响的对比分析

井水流量越大，增温融冰效果越明显；井水水温越高，增温融冰效果也越明显。所以提取上文模拟的不同井水流量和不同井水温度条件下的渠道出口断面混合水温平均温度，得到渠道混合水温模拟结果如表6.2所示。从表6.2可以得出，在渠道引水流量不变的条件下，井水流量变化的涨幅为0.027℃左右，而井水温度变化的涨幅为0.015℃左右。因此改变井水流量的工况下的渠道混合水温的增高幅度远比改变井水温度的工况大。而且实际工程中井水温度很难人为控制升高，在不同季节和不同地理位置，井水温度也不是固定不变的，在实际工程中以提高井水水温来提高渠道水温的方法并不理想，所以通过增加井水流量来提高渠道水温是最有效最方便的方法。

表6.2　不同井水流量与不同井水温度抽水融冰结果

参数	井水流量 $q/(m^3/s)$					井水温度 t/℃				
	$0.6q$	$0.8q$	$1.0q$	$1.2q$	$1.4q$	8.0	9.0	10.0	11.0	12.0
渠道混合水温/℃	0.141	0.167	0.194	0.221	0.248	0.164	0.179	0.194	0.209	0.224
涨幅/℃	—	0.026	0.027	0.027	0.027	—	0.015	0.015	0.015	0.015

3. 渠道流量变化和渠道水温变化对抽水融冰效果影响的对比分析

引水渠流量变大会引起混合水温降低，但对渠水温度影响不敏感，降低幅度不会太大，但在抽水融冰整个过程中，渠道流量远大于井水流量，渠道水温的变化对混合水温结果有很大的影响。所以提取上文模拟的不同渠道流量和不同渠道水温条件下渠道出口断面混合水温的平均温度，得到渠道混合水温的模拟结果如表 6.3 所示。从表 6.3 可以得出，在井水流量不变的条件下，渠道引水流量变化混合水温的增幅分别为 0.02℃、0.04℃、0.05℃和 0.09℃；而渠道引水温度每增加 0.10℃，渠道混合水温以每 0.09℃的趋势增加。由此，改变渠道水温工况下的渠道混合水温的增高幅度远比改变渠道流量工况大。所以以提高渠水温度来防止渠道冰害更为有效，则可以采取加大井水注入量和合理布局井水注入点的方法。

表 6.3　不同渠道流量与不同渠道水温抽水融冰结果

参数	渠水流量 Q/(m^3/s)					渠水温度 T/℃				
	2.0Q	1.5Q	1.0Q	0.75Q	0.5Q	−0.02	0.08	0.18	0.28	0.38
渠道混合水温/℃	0.130	0.150	0.194	0.240	0.328	0.005	0.099	0.194	0.288	0.383
涨幅/℃	—	0.020	0.044	0.046	0.088	—	0.094	0.094	0.094	0.095

6.5　本 章 小 结

通过不同条件下的抽水融冰数值模拟结果，验证了抽水融冰效果，给出了引水渠混合后水温变化基本规律，可以更加清晰地了解抽水融冰过程，具体结论如下：

(1) 采用与实际工程运行一致的边界条件，对引水渠混合后水温变化过程进行数值模拟，并与实际原型观测结果进行对比，结果表明：模拟结果与实测结果水温变化趋势基本相同，两者符合较好，可以保证后续模拟结果的可靠性。

(2) 对渠道流量变为原来 0.5 倍、0.75 倍、1.5 倍和 2 倍，井水流量变为原来 0.6 倍、0.8 倍、1.2 倍和 1.4 倍等工况下的抽水融冰效果进行数值模拟，模拟结果表明：引水渠流量不变，混合水温与井水流量成正比，且流量变大对渠水增温效果明显；井水流量不变，混合水温与渠道流量成反比。

(3) 对引水渠道水温和井水温度分别降低和升高 0.1℃、0.2℃、1℃和 2℃工况下的抽水融冰效果进行数值模拟，模拟结果表明：渠道引水温度不变，混合水温与井水温度成正比；井水水温不变，混合水温与渠道引水温度成正比。

(4) 对渠道引水温度降至原来 0.25 倍，同时井水流量增大至原来 4 倍的工况下进行模拟，结果表明：混合后水温比原来上升 0.14～1.43℃，在渠道引水温度降低的情况下，增加井水流量可以有效提高渠道水温；在渠道引水流量不变的条件下，增大井水流量的混合水温的增幅比改变井水温度要大，因此增加井水流量是抽水融冰最有效的方法。

第7章　多井条件下抽水融冰过程概化模拟

以新疆玛纳斯河流域红山嘴二级电站引水渠道为研究对象，对多口融冰井同时运行条件下引水渠道水温变化过程进行三维模拟，其模拟结果和原型观测结果平均相对误差为 4.61%，验证了数值模拟的可靠性。在此基础上，通过改变井水流量、井前渠水流量和水温、外界大气温度等条件，对混合水温沿程变化过程进行模拟。结果表明：①仅将井水流量变为原来的50%和1.5倍时，井水注入量与混合水温成正比，且对混合水温的影响较大；②仅将井前渠道水温分别降低和升高 0.2℃和 0.4℃时，井前渠道水温与混合水温成正比，且对混合水温的影响也较大，因此增大井水流量或合理布置井群是抽水融冰最有效的方法；③根据井前渠道水温为 0.1℃，井前渠水流量分别为 $10m^3/s$、$15m^3/s$、$20m^3/s$ 和 $25m^3/s$，大气温度分别为–5℃、–10℃、–20℃和–30℃的模拟结果，得到各井的不冻长度值，且随着井前渠道流量增大和外界大气温度降低，融冰井的不冻长度均随之减小，最后给出在不同井前渠道流量和不同气温条件下融冰井的不冻长度和井的布置桩号等合理优化布置方案，此研究为解决寒区水电站引水渠道冰灾防治问题提供科学依据。

7.1　研 究 背 景

苏联和瑞典的相关学者曾分别对引水式电站进行了长期的原型观测试验，研究了冰盖底部的形状及其温度变化规律，提出的预防及消除冰灾的措施现今仍然适用(杜一民，1959)。Shen 等(2000)提出 RICEN 模型，该模型不仅可以模拟过冷现象和底部冰的形成，而且还加入了风、人工破冰和河冰水流阻力因素的影响；Liu 等(2006)通过建立的河冰模型，对圣劳伦斯河上游河段水内冰的形成及消融过程进行模拟分析；Shen 和 Lu(1996)利用二维河冰数学模型，对冰塞体的溃决过程进行模拟；Jasek 等(2001)利用建立的冰下过流量模型，对道森市附近的育空河段进行估算；Wang 等(2005)对过冷现象及冰凌形成发展过程进行模拟研究；Chen 等(2005)分别对表层浮冰、悬浮水内冰的水温及悬浮冰花浓度分布进行模拟研究；Betchelor(1980)和 Wadia(1974)

研究了水中冰花密度及其热力交换。上述研究主要针对河、渠内冰形成演变过程，而抽水融冰是一种冰花消融的过程，与此恰好相反。

目前国内相关数值模拟主要集中在河渠内冰水变化规律等方面。如高霈生等(2003)、郭新蕾等(2011)、吴剑疆等(2003)、茅泽育等等(2003a、2003b、2008)均采用数值模拟的方法分析了河道、干渠沿程的水温变化，及水中冰的形成分布等规律；陈明千(2006)、曾平等(1997)通过建立冰花消融数学模型，模拟研究水内冰花的密度随时间和空间变化的过程；王晓玲等(2009，2010)基于三维非定常流Eulerian-multiphase模型，研究了渠道引水温度以及渠水流速在不同引水流量、不同气温工况下水内冰体积分数的沿程分布规律(王晓玲等，2009；2010)。

吴素杰等(2016)曾对单井运行条件下抽水融冰水温变化过程进行模拟，得到不同外界条件下引水渠道水温沿程变化规律。虽然单井模拟的水温变化规律结果在一定程度上代表实际运行中水温的变化过程，且多口井同时运行时井水水温变化的耦合影响很小，但实际工程中融冰井都是多井同时运行，为了研究多井运行时井群的合理优化布置方案，更切合实际工程和更加准确地研究抽水融冰技术提升渠道水温的效果，本章利用FLUENT软件建立3D紊流数学模型，探讨该技术运行下引水渠道沿程水温变化规律，并在此基础上，得到不同参数条件下各井的不冻长度值，为引水式电站输水渠道冬季安全稳定工作提供理论依据及技术支持。

7.2　红山嘴电站引水渠道多井抽水融冰模型建立

7.2.1　研究区域

以新疆玛纳斯河流域的红山嘴二级电站引水渠道为研究对象，图7.1为原型观测区域，图7.2为引水渠井水汇入现场。在整个观测过程中，外界气温均保持在0℃以下，且当时二级电站引水渠运行7口融冰井，分别为5#、6#、8#、9#、10#、11#、13#，剩余融冰井均未运行。受实际地理环境影响，水温观测试验采用塑料水壶多点多次取水，并用2支校核过的水银温度计多次测量测取平均值的方法。

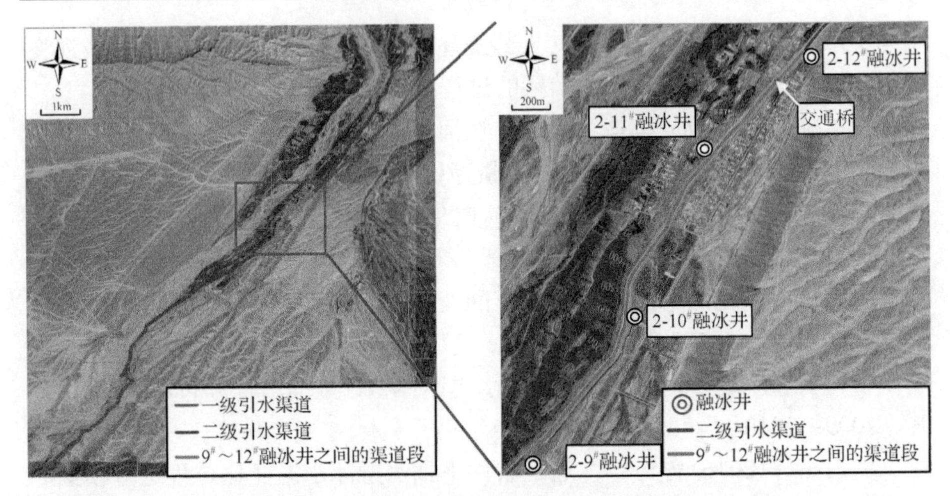

图 7.1　红山嘴电站二级引水渠道原型观测区域

图 7.2　红山嘴电站二级引水渠道抽水融冰现场

7.2.2　模型建立及网格生成

以新疆玛纳斯河流域红山嘴电站二级引水渠道为例，为探寻融冰井群运行过程中引水渠道沿程水温变化及各井之间的耦合影响作用，选取最具代表性的 9#、10#、11#井(9#、10#、11#融冰井之间的距离分别为 800m 和 850m)上下游渠段建立引水渠三维紊流数学模型。模型取 9#井前 50m 处为渠道入口，12#井处为渠道混合水出口(由于原型观测时 12#融冰井未运行，对 12#井前混合水温不影响)，且全部由出口流出；沿程 9#、10#、11#井分别按照实际工程中的位置设置。实际中因较低的大气温度和积雪的层层覆盖，在融冰井注水管口处极易形成一个与封闭管道相似的冰体管道，使抽出的井水经管道直接由渠道水面注入渠道，因此数学模型中将井水注入口位置设置与渠道水面持平。

模型横断面为梯形，其底宽、边坡系数分别为 1.0m、1.75，由于实际工程中各井的流量仅占渠水流量的 1.3%～2.4%，对渠道水深影响不大，所以模拟中水深与实际一样，取 2.743m。网格划分用 FLUENT 自带前处理软件 GAMBIT 进行，划分过程采用结构网格与非结构网格两种方法相结合，其网格单元总数为 178 万，整个渠道主流方向网格单元尺寸是 0.1m×5m，水深和宽度方向均为 0.1m×0.1m；因井水注入口上下游为计算的关键位置，为了保证计算的精度，故将井水注入口附近的网格划分较密，最小单元尺寸设置为 0.05m×0.25m×0.25m，最大单元尺寸设置为 0.10m×0.10m×0.10m。

7.2.3　求解方法和边界条件

1）求解方法

模拟采用有限体积法来离散计算区域，即用控制体积法求解定常流连续性方程和 N-S 方程，用标准 $k\text{-}\varepsilon$ 紊流模型来连续和封闭动量方程；并选用 SIMPLEC 算法对压力和速度进行耦合求解。收敛标准：计算各变量残差设置为（$<10^{-6}$），或残差曲线随迭代进行趋于平稳，即可认为计算收敛。

2）边界条件

渠道入口和各井水注入口设置为速度入口，其入口流速分别由原型观测资料给定，其紊流特征参数中紊流强度 I 和紊流长度尺度 L 分别由式（7.1）、式（7.2）计算得出。

紊流强度（龙天渝和蔡增基，2004）：

$$I = 0.16Re^{(-1/8)}, \qquad Re = \frac{vd\rho}{\mu} \tag{7.1}$$

式中，Re 为雷诺数；v 为流速，m/s；d 为管径，m；μ 为分子黏性系数，N·s/m。

紊流长度尺度（龙天渝和蔡增基，2004）：

$$L = \frac{4A}{X} \tag{7.2}$$

式中，A 为截面积，m^2；X 为湿周，m。圆管的水力直径为圆管的直径。

因原型观测引水渠道为敞露渠道，且渠水流动为不可压缩流动，故将渠道的水流出口设置为自由出流边界。由于渠道水面波动较小，故采用“刚盖”假设模拟渠道自由水面，而渠道周围大气温度边界采用原型观测时实际大气温度。

渠道边壁设置为无滑移边界，壁面粗糙高度设置为 2.1mm。数学模型所需的边界条件均采用 9#、10#、11#融冰井原型观测数据(表 7.1)。

表 7.1　红山嘴电站实测数据(2015 年 3 月 1 日 13 时)

井号	桩号	管径/mm	井水水温/℃	井水流量/(m^3/s)	井前渠道水温/℃	井前渠道流量/(m^3/s)	井后渠道流量/(m^3/s)	大气温度/℃
9#	3+600	260	10.00	0.18	1.37	10.57	10.75	−2.00
10#	4+400	260	10.00	0.13	1.53	10.75	10.88	−1.50
11#	5+250	230	9.60	0.16	1.60	10.88	11.04	−1.20

7.3　模拟结果及分析

7.3.1　模拟结果验证

采用原型实测数据(表 7.1)作为模拟的边界条件计算引水渠混合水温的沿程变化，提取融冰井一侧距离岸边 0.18m 处水面(即原型观测时取水位置)沿程混合水温的数据，并与 2015 年 3 月 1 日红山嘴电站原型观测沿程水温数据进行对比验证(图 7.3)。由图 7.3 可知，模拟得到的渠道混合水温与原型观测所得渠道混合水温 2 条曲线变化规律基本一致，吻合性较好，最大误差为 8.93%，最小误差为 0.03%，平均相对误差为 4.61%，在允许范围内(Moriasi et al., 2007)。由此可知，本节采用的计算模型准确可靠，模拟结果可信。

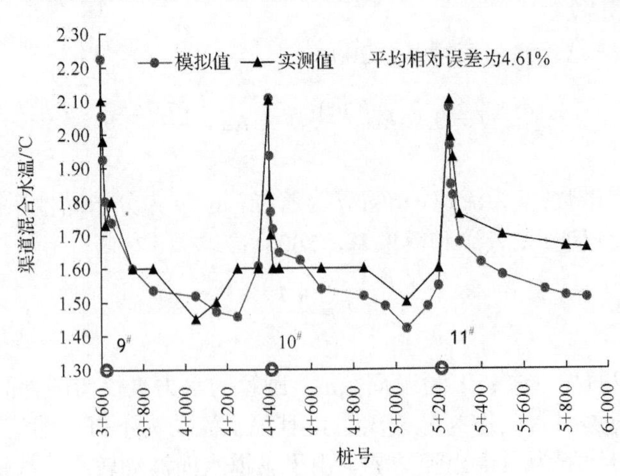

图 7.3　渠道混合水温模拟值与实测值对比

9#、10#、11#分别为第 9#、10#、11#融冰井，下同

7.3.2　水流速度和温度模拟结果分析

以 9#井附近渠段为例，提取井水进水管平面沿程水温进行分析，速度云图可以清晰显示井水汇入处上下游水流的大小及其流动方向，且各方向速度模拟结果见图 7.4。从图 7.4 可以看出，井水 Y 方向流速对渠道水流速度影响较小，而井水 X 方向流速和 Z 方向流速相比对渠道水流速度影响较大，但渠水

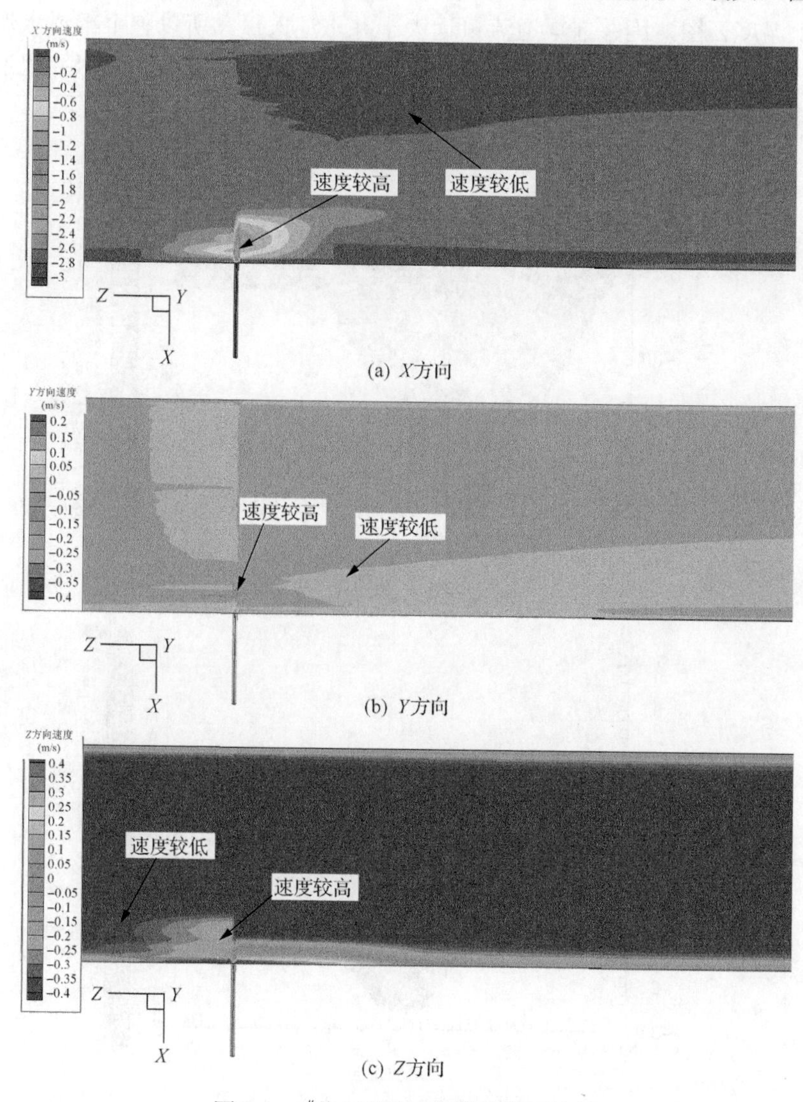

(a) X方向

(b) Y方向

(c) Z方向

图 7.4　9#井上下游速度数值模拟结果

流速都仅在井水注入口附近有较小范围的变化，且充分混合后渠道水流方向大小又基本恢复注水前水流主流方向大小。

图 7.5 为 9#井上下游渠段数值模拟的温度云图。从图 7.5(a)～图 7.5(d)可以看出，在水深方向上离融冰井注水口越远，水温变化越不明显，且在注水井后 250m 左右之后，上层水温因与外界大气温度直接接触有明显变化，特别是渠道水面变化最为显著，下层水温却无明显变化。观察图 7.5(e)主流方向上温度云图，因井前渠道流量远大于井水注入量，所以整个渠道水温的变化并不明显，仅在井水注入处附近有较大变化，但计算结果显示井水汇入渠道充分混合之后渠水温度有明显升高。

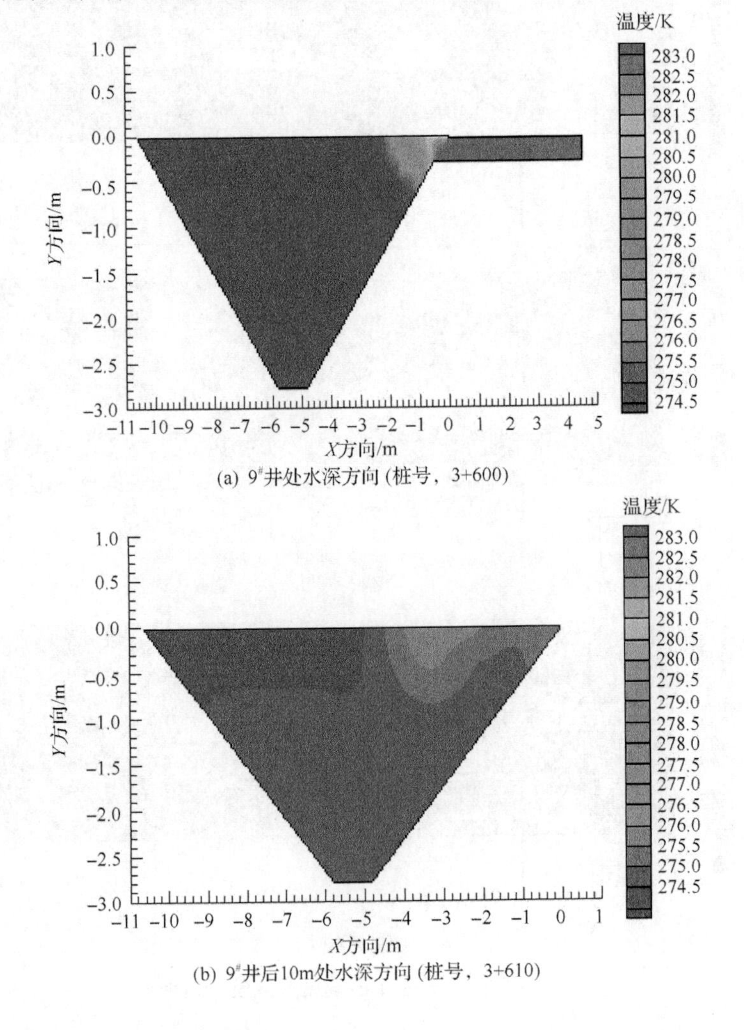

(a) 9#井处水深方向 (桩号，3+600)

(b) 9#井后10m处水深方向 (桩号，3+610)

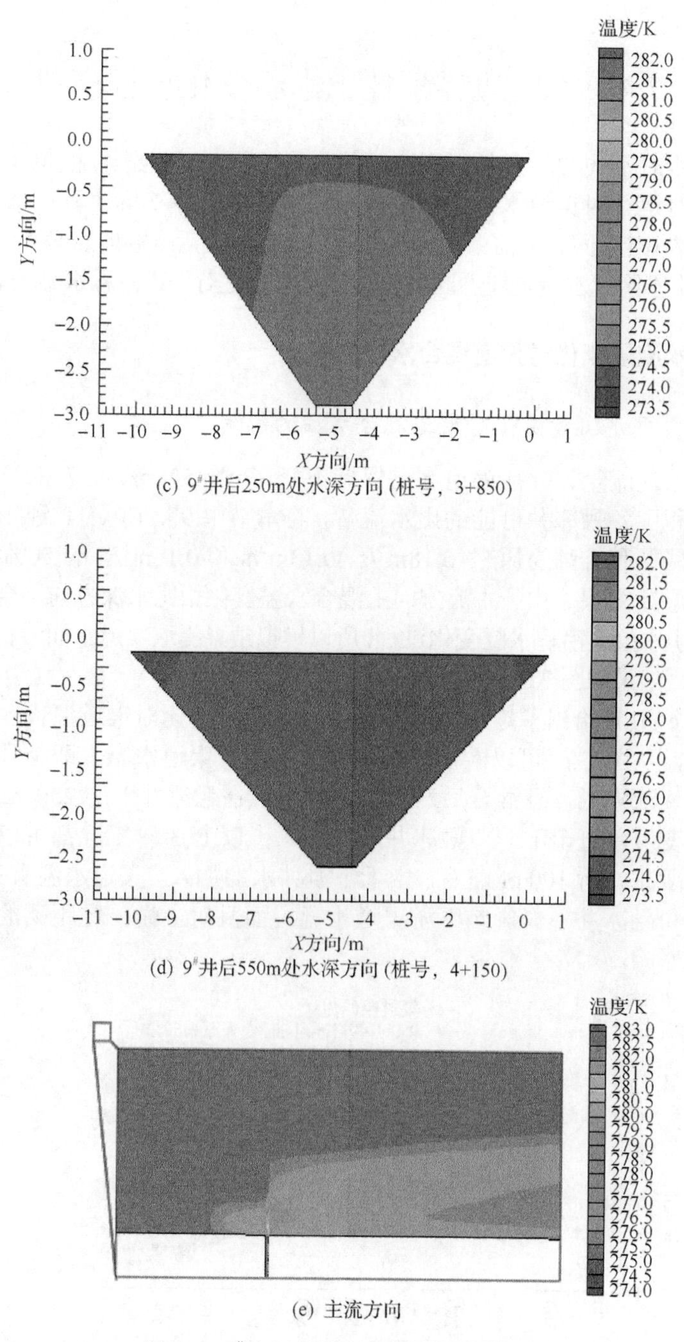

(c) 9#井后250m处水深方向 (桩号，3+850)

(d) 9#井后550m处水深方向 (桩号，4+150)

(e) 主流方向

图 7.5　9#井上下游温度数值模拟结果

7.4　不同边界条件下水温变化过程模拟

进一步对不同边界条件下引水渠道沿程水温的变化进行模拟，研究多个融冰井同时运行对渠道水体增温融冰效果的影响。在实际工程中，由于融冰井水温基本恒定，同时井前渠道流量变化对渠道混合后水温的影响不明显，因此本节仅分析不同井水流量和不同井前渠道水温变化对渠道沿程水温的影响。

7.4.1　井水流量变化对渠道混合水温的影响

1. 双井井水流量变化对渠道混合水温的影响

井前渠道流量、井前渠道水温保持不变(Q=10.57 m^3/s、T=1.37 ℃)，根据实际工程中各融冰井可能的出水流量，将本节中 9$^\#$、10$^\#$、11$^\#$融冰井的井水流量分别降低和升高为原来(0.18m^3/s、0.13m^3/s 和 0.16m^3/s)的 50%和 1.5 倍，模拟渠道融冰效果。由于主流方向上混合水温变化相比水深方向混合水温变化更能反映引水渠道沿程水温变化过程，所以模拟结果提取渠道水面沿程混合水温的平均值，结果如图 7.6 所示。

图 7.6 分别给出了连续双井和间隔双井流量变化对渠道混合水温的影响变化过程，从图 7.6 可以看出，在加入井水后，渠道水温立即上升，充分混合后沿程逐渐降低，且混合后水温下降较快，在融冰井下游 250 m 左右水温降低开始变缓，直至下一口融冰井水的加入；以上 3 种工况都可以明显看出在下一口融冰井前 100 m 左右，由于下游井水的加入，渠道水温有升温趋势，说明每一口融冰井不仅影响下游渠道水温，而且对上游一定距离的渠道水温也有一定影响。

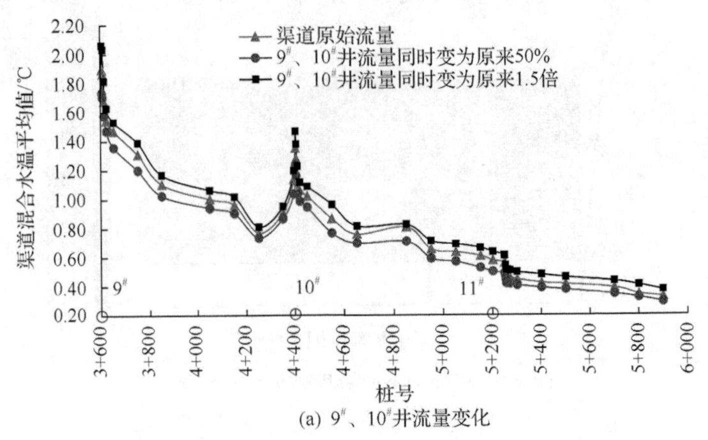

(a) 9$^\#$、10$^\#$井流量变化

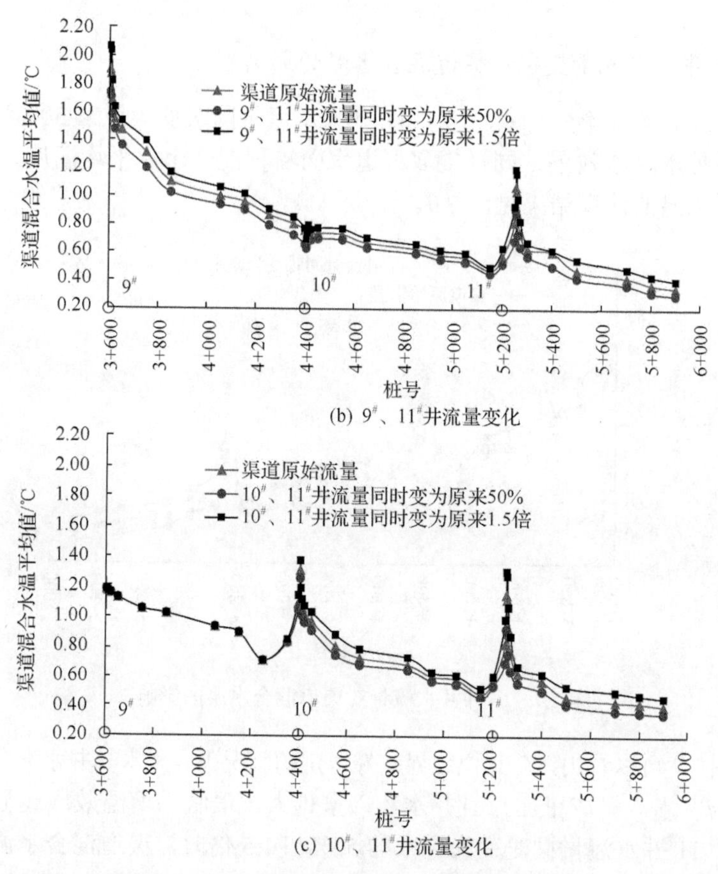

(b) 9#、11#井流量变化

(c) 10#、11#井流量变化

图 7.6　双井井水流量对渠道混合水温的影响

图 7.6(a)9#、10#井井水流量降低和升高为原来的 50%和 1.5 倍后，渠道混合水温降低和上升的最大幅度分别为 13.64%和 13.09%；图 7.6(b)9#、11#井井水流量降低和升高为原来的 50%和 1.5 倍后，渠道混合水温降低和上升的最大幅度分别为 17.10%和 11.48%；图 7.6(c)10#、11#井井水流量降低和升高为原来的 50%和 1.5 倍后，渠道混合水温降低和上升的最大幅度分别为 14.30%和 13.63%。由于井水的热量有限，只对一定距离的渠水有增温作用，所以图 7.6(b)中，因 10#井流量保持不变，相比图 7.6(a)中 9#、10#井流量同时变化时增温效果较弱，在桩号 5+900 位置，其对渠道水温的增温效果降低了 14.67%，且渠道混合水温降低和上升的最大幅度分别有所升高和降低，从而可知增大井水流量对渠道增温效果明显，这对实际工程有较强的指导作用。

2. 多井井水流量变化对渠道混合水温的影响

其他边界条件不变，9#、10#、11#井井水流量同时变为原来50%和1.5倍时，模拟抽水融冰效果，同样提取渠道水面沿程混合水温平均温度，获得渠道混合后水温的计算结果见图7.7。

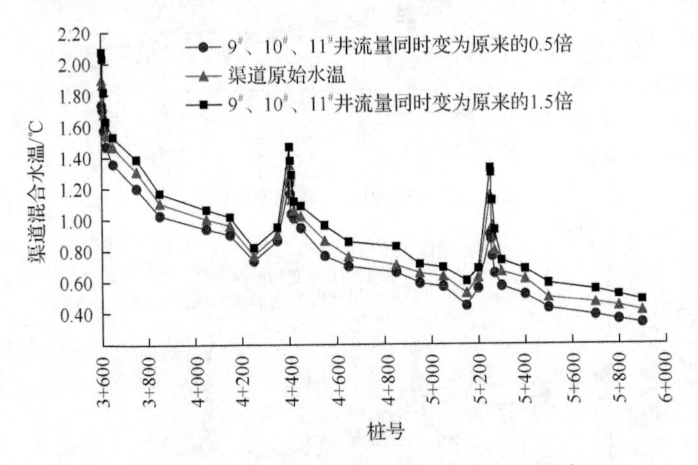

图7.7　多井井水流量对渠道混合水温的影响

从图7.7可以看出，在其他边界条件恒定的工况下，渠水与井水充分混合后的水温与井水流量成正比，且井水注入量越大，渠水的增温效应越显著。且9#、10#、11#井水流量同时变为原来的50%和1.5倍时，渠道混合水温的降低和增高的最大幅度分别为18.39%和18.19%，平均变化幅度分别为11.46%和10.64%，说明井水注入量变化对渠道混合后水温影响较为明显，井水汇入量的增大对渠水的增温有显著效果。但实际工程中升高井水温度很难实现，而通过合理运行融冰井群来控制井水注入渠道的流量可有效地提高渠水温度，从而更能有效地防治引水渠道冰害。

7.4.2　井前渠道水温变化对渠道混合水温的影响

在各融冰井水流量、水温，井前渠道流量等条件保持不变的工况下模拟井前渠道水温变化对融冰效果的影响，同样根据实际工程中可能发生的情况，将井前渠道水温变化条件分别设置为降低和升高0.2℃和0.4℃，提取渠道水面沿程混合水温平均值见图7.8所示。

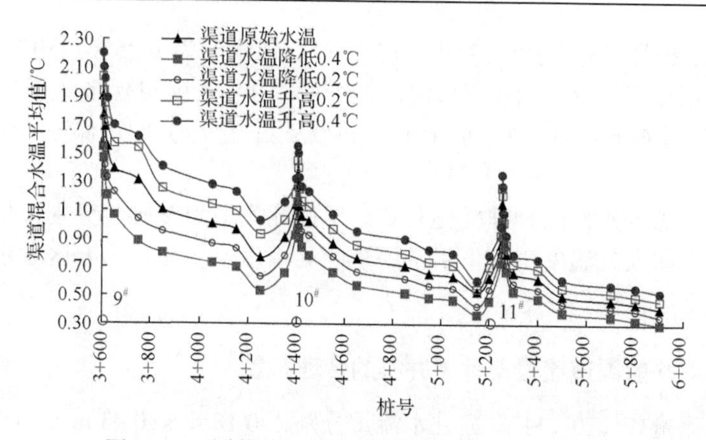

图 7.8　不同井前渠道水温对渠道混合水温的影响

从图 7.8 计算结果看出，混合后的渠道水温与井前渠道水温成正比，井前渠道水温对融冰结果有较大的影响。从融冰增温效果上来看，在井前渠道水温下降 0.4℃和 0.2℃的工况下，相对于原始井前渠道水温下的混合水温，渠道混合水温平均降幅分别为 22.61%和 11.41%；而在井前渠道水温上升 0.2℃和 0.4℃时，混合水温平均增幅分别为 11.25%和 22.57%。可知井前渠道水温下降 0.4℃时渠道混合水温的降幅与井前渠道水温上升 0.4℃时渠道混合水温的增幅基本一致，井前渠道水温下降 0.2℃时渠道混合水温的降幅也基本等于井前渠道水温上升 0.2℃时渠道混合水温的增幅。根据模拟结果还发现，井前渠道水温上升或下降 0.10℃，渠道混合水温也上升或下降 0.10℃左右，井前渠道水温变化对渠道混合水温影响较为明显。在气候寒冷时，实际工程运行中引水渠道水温随着气温沿程逐渐降低，很容易降低至冰点形成冰害，提高渠水温度来防止渠道冰害更为直接有效，此时可采取增加融冰井数量、减小融冰井间距等合理布局融冰井的方法来解决。

7.5　井群合理优化布置

由原型观测数据及模拟计算结果均可知，随着距融冰井注水口距离越远，沿程水温逐渐降低，但可以发现沿程水温均明显超过水的冰点。究其原因可能是上一口井井水加入后，使渠道水温度升高，而外界气温还不够低，混合水温沿程下降缓慢，没有降到足够低时又有新的井水加入，从而使得沿程水温超过冰点。原型观测中，由于在 9#井注水点之前的渠道引水温度（T=1.37℃）较高，所以在此模型基础上，模拟计算了无井运行时沿程水温变化，计算结果得出下游桩号 5+900 处（$12^{\#}$井所在位置）渠道水温为 0.25℃（>0℃），表明在此大气温度条件下并不需要外界井水热量的注入就可保证该渠段正常运行；而在桩号 6+600 处（$13^{\#}$井所在位置）运行一口融冰井即可保证后续渠段正常运行。

为探讨融冰井群的合理优化布置，现以此模型为基础，分别模拟不同井前渠道流量和大气温度工况下引水渠道的沿程水温变化，为寒区各水电站冬季安全稳定运行提供参考。

7.5.1　不同井前渠道流量条件下井群的合理布置

井水流量（$9^{\#}$、$10^{\#}$、$11^{\#}$融冰井水流量分别为 0.18m³/s、0.13 m³/s、0.16m³/s）、井水温度（$9^{\#}$、$10^{\#}$、$11^{\#}$井水温度分别为 10℃、10℃、9.6℃）、大气温度（$T_{气}$=–2℃、–1.5℃、–1.0℃）等条件保持不变，井前渠道水温设置为 0.1℃，分别模拟井前渠道流量为 10m³/s、15m³/s、20m³/s 和 25m³/s 时沿程混合水温变化，得到各井的不冻长度（不冻长度即渠水温度大于 0℃的渠段长度）见表 7.2。

表 7.2　不同渠道引水流量下各井的不冻长度

井前渠道流量/(m³/s)	不冻长度 L /m			井布置位置/桩号		
井号	$9^{\#}$	$10^{\#}$	$11^{\#}$	$9^{\#}$	$10^{\#}$	$11^{\#}$
10	3 648	355 6	355 1	7+248	10+804	14+355
15	3 257	314 9	314 3	6+857	10+006	13+149
20	3 030	293 3	292 5	6+630	9+563	12+488
25	2 897	279 8	279 1	6+497	9+295	12+086

从表 7.2 可以明显看出，随着井前渠道流量的增大，融冰井的不冻长度随之减短，这是由于渠道引水水温远低于井水温度，当井前渠道流量变大，井水对渠水的增温效果被削弱。井前渠道流量增大无疑会导致渠道流速增大，随之产生的动能在一定程度上部分转化为水的热能，所以随着井前渠道流量增大，融冰井的不冻长度逐渐减小。在不同井前渠道流量条件下，根据各融冰井不冻长度合理布置井群。

7.5.2　不同大气温度条件下井群的合理布置

同样将井前渠道水温设置为 0.1℃，井前渠道流量（Q=10.57m³/s）、各井井水流量（$9^{\#}$、$10^{\#}$、$11^{\#}$融冰井井水流量分别为 0.18m³/s、0.13m³/s、0.16m³/s）、井水温度（$9^{\#}$、$10^{\#}$、$11^{\#}$井水温度分别为 10℃、10℃、9.6℃）等条件不变，根

据严寒地区冬季常见气温，分别模拟外界大气温度为–5℃、–10℃、–20℃和–30℃时沿程混合水温变化，得到各井的不冻长度模拟结果如表 7.3。

表 7.3　不同大气温度下各井的不冻长度和位置

大气温度 $T_{气}$/℃	不冻长度 L/m			井布置位置/桩号		
井号	9#	10#	11#	9#	10#	11#
–5	2 192	2 076	2 071	5+792	7+868	9+939
–10	1 353	1 279	1 271	4+953	6+232	7+503
–20	949	846	848	4+549	5+395	6+243
–30	407	461	453	4+007	4+468	4+921

从表 7.3 可以看出，在相同大气温度下，各融冰井的不冻长度并不一样，而这部分长度差是由于每口井的抽水流量和井水温度等不一样所致；随着外界大气温度的降低，融冰井的不冻长度也随之减小，在低于零下 10℃时，大气温度每降低 10℃，融冰井不冻长度按每 400m 左右递减。而在不同外界大气温度条件下，依据融冰井不冻长度便可合理布置井群。

7.6　本 章 小 结

根据红山嘴电站二级引水渠道，建立 3D 紊流数学模型，通过模拟计算不同工况下引水渠道抽水融冰过程，分析了抽水融冰过程，具体结论如下：

(1) 以原型实测数据为边界条件对二级电站引水渠沿程水温变化进行模拟计算，并将其计算结果与原型观测结果进行对比，平均相对误差为 4.61%，表明两者符合较好，证明了后续模拟结果的可靠性。

(2) 当井前渠道流量、水温等保持不变，各井井水流量变为原来 50%和 1.5 倍工况计算结果可以得知，井水注入流量与混合水温成正比；而当渠道水温分别降低和升高 0.2 ℃、0.4 ℃，其他条件不变工况下的模拟结果表明，井前渠道水温与混合水温成正比，且井水流量变化与井前渠道水温变化对混合水温的影响均较为明显；因此增大井水流量或合理布置井群是抽水融冰最有效的方法。

(3) 随着较高温度井水的加入，每一口融冰井不仅影响下游渠道水温，而且对上游一定距离的渠道水温也有一定影响。

(4) 分别模拟渠道水温为 0.1℃时，在不同井前渠道流量（$10m^3/s$、$15m^3/s$、$20m^3/s$、$25m^3/s$）和不同大气温度（−5℃、−10℃、−20℃、−30℃）下的沿程水温变化，得到各井的不冻长度值，且随着井前渠道流量增大，融冰井的不冻长度逐渐减小；随着大气温度降低，融冰井的不冻长度也减小；根据模拟结果还分别提出井群的合理优化布置方案。

第8章　抽水融冰数学模型在水温分层型水库中的应用

“水电建设开发与生态环境保护”是人与自然和谐相处中的一个重要课题，也是目前备受关注的热点问题。60 多年来，特别是改革开放的 30 多年来，我国的水利水电事业得到突飞猛进的发展，建成和在建一批世界级水平的大型水利枢纽，如二滩、三峡、小浪底、溪落渡、向家坝、小湾、锦屏等。这些水利水电工程在防洪、发电、灌溉和航运等方面发挥了巨大作用，保障社会安全，促进经济发展。然而水利工程在发挥作用的同时，也改变了坝址库区及下游河道的原有生态环境条件，产生一系列的生态环境影响。水库水温是随着大规模水利水电工程兴建带来的系列生态环境问题之一。

8.1　水库水温的变化特性

天然河道的水深一般较小，水流湍动，环流速度的垂直分量较大，上下层水体不断搅混，水面与空间的热交换成果能迅速传递到其他部位，因此水温在水流整个断面上基本呈均匀分布状态(邓云，2003)。

水库蓄水以后，不仅可以调节天然河流径流量的变化，而且对库内的热量起到调节作用。由于水库所处地理位置不同，所接受的太阳辐射也就具有一定的区别，同时由于各水库的规模、水深等情况的差异，可能造成水体热传导、对流换热等时间、空间的不同变化特性。这样，水库水体水温变化既有共同遵循的原理和规律，又有各自独特的热力学特性。水库水体的热量主要来源于太阳辐射、大气辐射及由于降雨入流等所带来的热量。另一方面，通过反射辐射、对流交换、蒸发和出流等可以吸收或损耗一部分热量(黄永坚，1985)。

库内水体吸收的热量与水库所处的地理位置、水库特性、水文、气象条件等因素有关系，如水库所处地理纬度、水库水深、盛行风级和风向、气温、云量、入流量、出流量、降雨量和入流水量与库容比等都会影响库内水体吸收的热量。此外，水库吸收的热量还与水体的透明度有关，而水库水体的透明度又随气象条件、降雨特性、入流、出流、水深，以及浮游生物的种类、组成及其数量的变化而改变。

受以年为周期的水温、入流水温、气象规律性变化的影响，水库在沿水深方向上呈现出有规律的水温分层，且水温分层情况在一年内周期性地循环变化：冬季由于气温较低，水库水体表面温度也较低，水体内部的对流掺混较好，这一时期水体温度基本呈等温状态分布；春季由于气温逐渐升高，太阳辐射和大气辐射对水体表面的加热量亦逐渐增加，再加上水体表面对太阳辐射能的吸收、穿透作用，库面水体逐渐变暖；同时在这个时期内入库河水的温度比水库原有水体的温度高，密度较低，这样它们从库表面流入水库，并与靠近水体表面的涡流进行对流掺混，在以上诸因素的综合作用下，库面温水层向平面方向扩展，随着时间的推移也向垂直的方向延伸，使温水层的厚度加大，且在温水表层内进行着均匀的掺混作用，最后形成表面等温水层，即水体表面的温水层(表温层)。

在表温层下，由于水体对太阳辐射的吸收、穿透和水体内部的对流热交换、热传导作用，库水体温度随水深加大而发生水体表面受热多、放热少、水温升高较快的现象。这样一来，在水体内就形成冷却和加热的交替过程，加上风的掺混作用，导致表面温水层与深水层形成明显温差，从而出现季节性变化激烈的温度突变层，即温跃层。在温跃层之下为深水等温层，这一层水体由于受外界条件的影响较小，故水体温度变化较为缓慢，但由于水体储热累积效应的影响，深水层的水温较冬季有所提高。夏天随着气温的持续上升，水体表面温度也随之升高，上述水体温度分层现象加剧。在此时期内，表温层与深水层水温相差较大，上下层温差有时可达20℃以上。到了秋季，日照强度、气温等下降，水库水温由表层依次冷却下来。由于表层水面冷却后逐渐下沉，并与下层温水进行对流掺混，深水层水温升高，直到整个影响区中水的密度均匀为止，此时库表又形成新的等温层，该层的厚度随时间的推移而变化。此时入库水流流向与其本身密度相同的水层，该水层的位置取决于入库水流和库水之间的相互掺混情况。在秋季和冬季，水库水体不断地进行水体的上下对流换热，直至再一次形成全库等温状态。

8.2　抽水融冰水温模型在分层水库的应用

8.2.1　水动力学方程

连续方程

$$\nabla \cdot \vec{u} = 0 \tag{8.1}$$

动量方程

$$\rho_0 \frac{\partial \vec{u}}{\partial t} + \rho_0 \nabla \cdot (\vec{u}\vec{u}) = -\nabla p + \rho_0 \vec{g}[1+\beta(T-T_0)] + \nabla \cdot \left[\mu_{\text{eff}}(\nabla \vec{u} + \nabla \vec{u}^T)\right] \tag{8.2}$$

式中，$\vec{u}$ 为速度矢量；$\vec{g}$ 为重力加速度矢量；P 为流体压力；T 为流体温度；β 为热膨胀系数；μ_{eff} 为分子黏性系数 μ 与紊动涡黏系数 μ_t 之和，ρ_0 为参考温度 T_0 下水的密度。

标准 κ-ε 模型是针对湍流发展非常充分的湍流流动来建立的，它是一种针对高 Re 数的湍流计算模型，而当 Re 数比较低时，使用标准 κ-ε 模型会出现一定的失真。RNG κ-ε 模型是建立在标准 κ-ε 模型基础之上的一种湍流模型，模型中系数完全基于理论上的推导，通过建立一个考虑低雷诺数流动黏度的计算方程，能够很好地进行低雷诺数区域的计算，为此本研究中采用 RNG κ-ε 紊流模型来封闭连续和动量方程以取得较好的计算结果。RNG κ-ε 模型中 κ 和 ε 输运方程如下：

$$\frac{\partial k}{\partial t} + \nabla \cdot (\vec{u}k) = \nabla \cdot \left[(\sigma_k \nu_{\text{eff}})\nabla k\right] + \nu_t[(\nabla \vec{u} + \nabla \vec{u}^T)]\nabla \vec{u} - \varepsilon + G_b \tag{8.3}$$

$$\frac{\partial \varepsilon}{\partial t} + \nabla \cdot (\vec{u}\varepsilon) = \nabla \cdot \left[(\sigma_\varepsilon \nu_{\text{eff}})\nabla \varepsilon\right] + C_{1\varepsilon}\frac{\varepsilon}{k}\nu_t[(\nabla \vec{u} + \nabla \vec{u}^T)]\nabla \vec{u} - C_{2\varepsilon}\frac{\varepsilon^2}{k} \tag{8.4}$$

式中，$\nu_{\text{eff}} = \nu + \nu_t$，$\nu_t = C_\mu \dfrac{\kappa^2}{\varepsilon}$；$G_b = \beta \vec{g} \dfrac{\nu_t}{\text{Pr}} \nabla T$ 为浮力项，该浮力项在稳定分层时可抑制紊动能的生成，消弱热量向下的传递，是水库能保持稳定分层的重要因素，Pr 为普朗特数，取 0.85。

RNG κ-ε 模型中修正了紊流黏度项，以便能更好地模拟低雷诺数流：

$$\mathrm{d}\left(\frac{\rho^2 k}{\sqrt{\varepsilon \mu}}\right) = 1.72 \frac{\hat{v}}{\sqrt{\hat{v}^3 - 1 + C_v}} \mathrm{d}\hat{v} \tag{8.5}$$

式中，$\hat{v} = \mu_{\text{eff}} / \mu$，$C_v \approx 100$。

计算模型中各系数取值见表 8.1。

表 8.1　模型中常数取值

C_μ	$C_{1\varepsilon}$	$C_{2\varepsilon}$	σ_k	σ_ε
0.09	1.42	1.68	1.0	1.3

8.2.2 温度方程

假设流体为不可压缩流，则温度计算方程可表示为

$$\rho_0 \frac{\partial T}{\partial t} + \rho_0 \nabla \cdot (\vec{u}T) = \nabla \cdot \alpha_{\mathrm{eff}} \nabla T + S_{\mathrm{T}} \tag{8.6}$$

式中，α_{eff} 为有效热传导系数，S_{T} 为热源项。

8.2.3 边界条件

1. 表面综合散热系数

水面热交换包括净太阳短波辐射、净长波辐射、蒸发和传导 4 个方面。本项研究根据工业循环水冷却设计规范(GB/T 50102—2003)采用水面蒸发系数和水面综合散热系数表示。

水面蒸发系数：

$$\alpha = (22.0 + 12.5v^2 + 2.0\Delta T)^{1/2} \tag{8.7}$$

水面综合散热系数：

$$K_{\mathrm{m}} = (b + k)\alpha + 4\varepsilon\sigma(T_{\mathrm{s}} + 273)^3 + (1/\alpha)(b\Delta T + \Delta e) \tag{8.8}$$

$$\Delta T = T_{\mathrm{s}} - T_{\mathrm{a}} \tag{8.9}$$

$$\Delta e = e_{\mathrm{s}} - e_{\mathrm{a}} \tag{8.10}$$

$$k = \frac{\partial e_{\mathrm{s}}}{\partial T_{\mathrm{s}}} \tag{8.11}$$

式(8.7)～式(8.11)中，α 为水面蒸发系数，W/(m · hPa)；K_{m} 为水面综合散热系数，W/(m^2 · ℃)；b 为 $0.66\frac{P}{1000}$，hPa / ℃；P 为水面以上 1.5m 处的大气压，hPa；v 为水面以上 1.5m 处的风速，m/s；ε 为水面辐射系数，取 0.97；σ 为 Stefan-Boltzman 常数，$\sigma = 5.67 \times 10^{-8}$，W/(m^2 · ℃^{4})；$T_{\mathrm{a}}$ 为水面以上 1.5m 处的气温，℃；T_{s} 为水面水温，℃；e_{s} 为水温为 T_{s} 时的相应水面饱和水汽压，hPa；e_{a} 为水面以上 1.5m 处的水汽压，hPa。

2. 进出口边界

上游进口给定流速边界，Y 方向和 Z 方向无速度分量，压力假设为静水

压，根据实际运行调度编辑流量-时间关系；进口边界的水温分布采用库区实测水温分布；κ 、ε 分别根据经验公式近似计算：

$$\kappa=0.00375u_0^2, \qquad \varepsilon=\kappa^{1.5}/(0.4H_0) \tag{8.12}$$

假定下游出口断面为充分发展的紊流，出口边界上各变量均取零梯度条件，从而消除下游对上游水流的影响，即（$\boldsymbol{n}$ 代表出口断面的法向）：

$$\frac{\partial \boldsymbol{u}}{\partial \boldsymbol{n}}=\frac{\partial \boldsymbol{v}}{\partial \boldsymbol{n}}=\frac{\partial \boldsymbol{w}}{\partial \boldsymbol{n}}=\frac{\partial \boldsymbol{T}}{\partial \boldsymbol{n}}=0 \tag{8.13}$$

初始条件库区给定零流速，水温分布根据不同工况采用不同月份实测水温分布，压力为静水压，水面采用“刚盖假定”，库底和坝体采用无滑移边界条件，且为绝热边界。

8.2.4　工程实例

某水电站工程为一等大（Ⅰ）型工程，坝址控制流域面积 42500km^2，坝址处多年平均流量 432m^3/s，多年平均年径流量 136 亿 m^3，总库容 103.77 亿 m^3，为典型的水温分层型水库。

本实例网格划分过程中采用结构网格与非结构网格结合的方法，在上游库区采用非结构网格，计算网格单元在主流方向上尺寸为 5～30m，在水深方向上为 0.25～0.5m，在宽度方向上为 5～10m；在取水口附近为计算结果的关键位置，必须要有足够的分辨率，因此计算网格划分较密，最小尺寸为 0.25m×0.5m×0.5m，最大尺寸为 1m×1m×1m。计算区域内，计算网格为 50 多万个。

8.2.5　结果分析与讨论

通过建立三维水温计算模型，分别对不同工况下库区水温分布进行计算研究。下文图示结果中，不同颜色代表不同水温摄氏值(℃)，库区横断面水温分布图中分别表示坝前 100m、500m、1000m 和 1500m 断面水温分布情况，纵剖面水温分布图表示工作机组中线剖面位置水温分布情况。

图 8.1 和图 8.2 为一月份库区水温分布模拟。一月份水库处于封冻期，库区水温结构呈逆温分布，库表水温接近 0.0℃，水面以下 60m 处实测水温为 3.7℃，库区水温变化梯度不大，最大变化梯度发生在水下 0～10m，温差 1.5℃。除坝前近区外，库区各横向监测断面内水温分布差异不大，均呈现较好的水温分层现象。电站取水过程中，坝前 300m 范围内水温分布不再稳定，掺混

比较厉害，具有典型的三维特性。

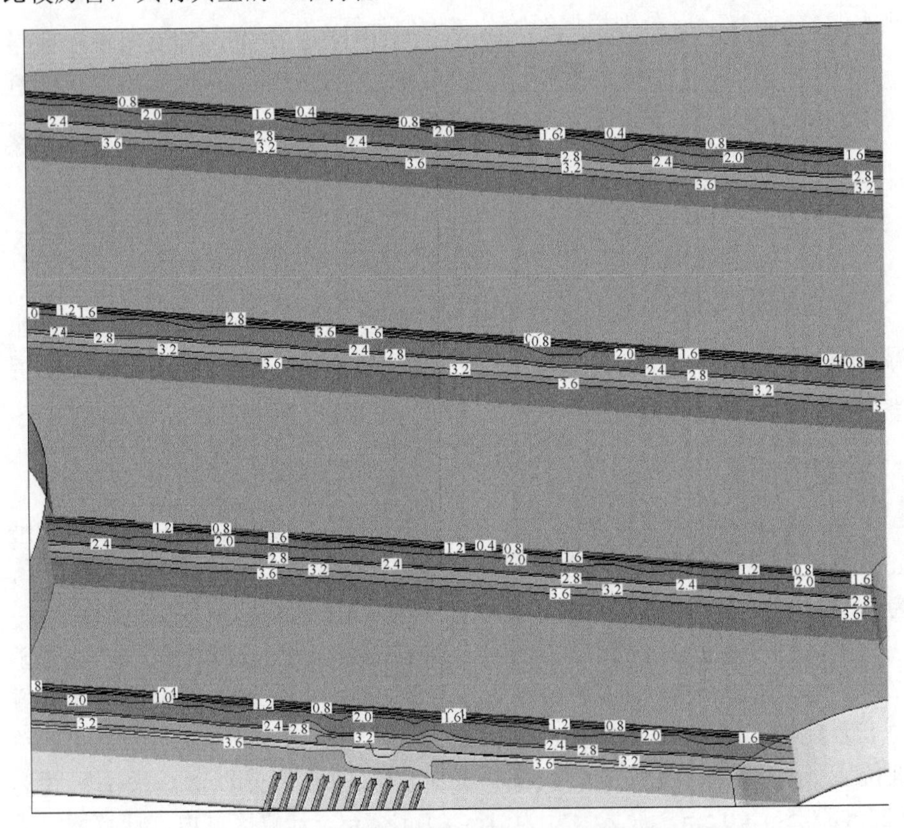

图 8.1　一月份库区横断面水温分布

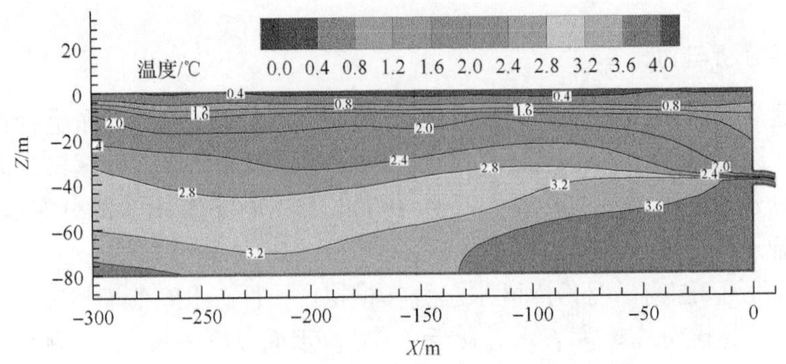

图 8.2　一月份近坝区纵剖面水温分布

图 8.3 和图 8.4 分别为二月份库区水温分布模拟情况。二月份水库仍处于

封冻期内，坝前库区水温结构呈逆温分布，库表水温接近 0.0℃，水面以下 60m 处实测水温为 3.8℃，库区水温变化梯度不大，最大变化梯度发生在水下 0～10m，温差 1.5℃，库表库底温差为 3.8℃。模拟结果表明，坝前 500～1500m 监测断面水温分布基本一致，不受电站发电取水影响，且监测断面横向分布差异不大，与一月份分布规律相同。距坝上游 100m 监测断面，受到电站发电取水的影响，该断面水温分布与上游其他监测断面明显不同。图 8-4 为近坝区水温分布纵剖面图，由图 8.4 可知，受发电取水影响，近坝区原初始水温分布线发生明显变化，尤其在取水口高程±20m 范围内，水流紊动较大，水温掺混剧烈。

图 8.5 和图 8.6 分别为三月份库区水温分布模拟结果。三月份水库仍处于封冻期内，坝前库区水温结构呈逆温分布，但库表与库底温差减小，库表水温接近 0.0℃，水面以下 60m 处实测水温为 3.3℃，库区水温变化梯度不大，最大梯度仍位于水下 0～10m，温差 1.3℃。计算结果表明，和冬季发电期一月份、二月份类似，三月份库区上游水温分布受电站发电取水影响较小，仅近坝区域水温分布受到一定影响。除此之外，库区断面横向分布差异不大，并且受空间及时间影响较小。

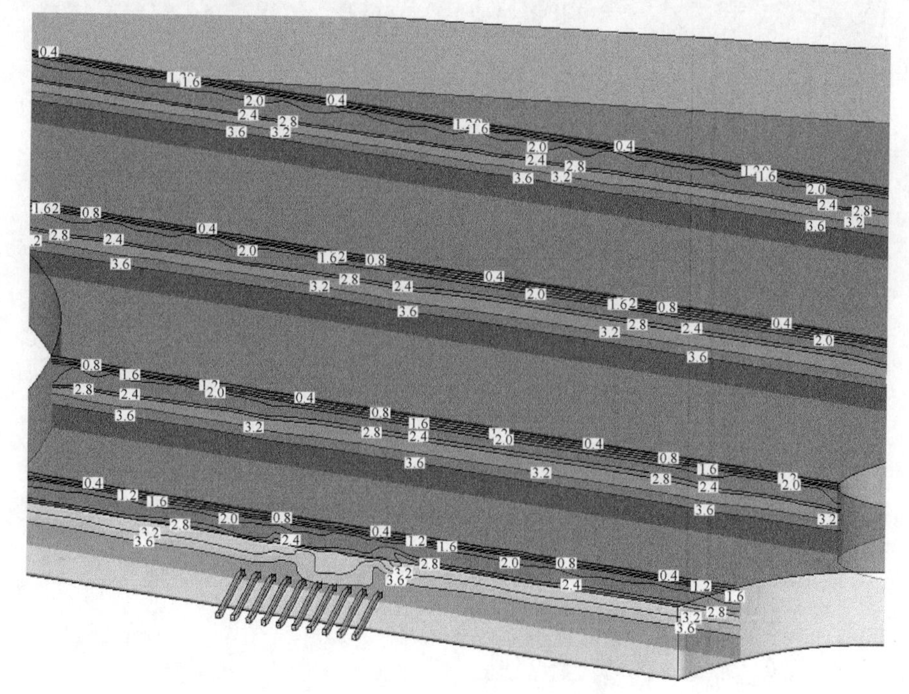

图 8.3　二月份库区横断面水温分布

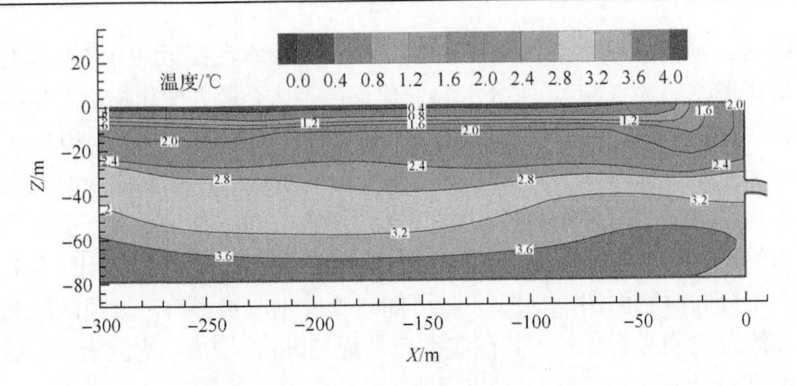

图 8.4　二月份近坝区纵剖面水温分布

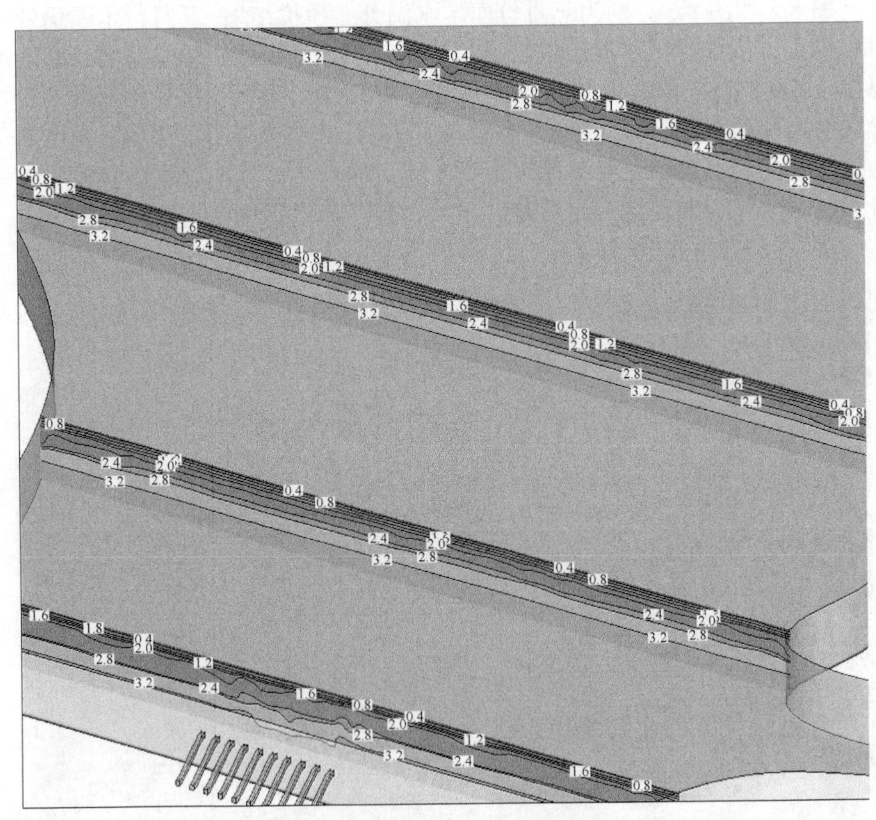

图 8.5　三月份库区横断面水温分布

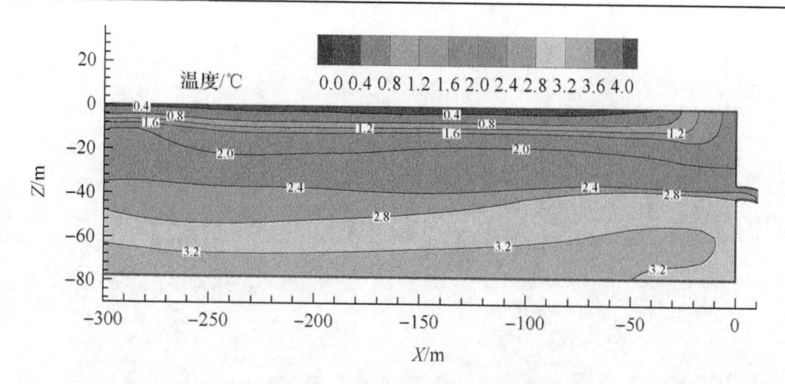

图 8.6　三月份近坝区纵剖面水温分布

五月份，随着气温逐渐升高，水库表层逐渐解冻，库表冷水在升温期气温、太阳辐射的作用下，表层水体得到热量而水温逐渐升高，表层冷水吸热后密度增加进而上下密度对流换热形成大翻转。当表层水体温度上升到 4.0℃后，垂向基本呈等温状态，垂向密度对流停止，表层水体继续吸热，在水下 20～30m 范围内逐渐形成温跃层，水库进入分层状态。五月份表层水体温度升至 10.2℃，坝前库底深水层水体温度变化较为缓慢，但受热传导、水体紊动等影响，库底水温较冬季有所提高，升至 5.3℃；表层 20m 内垂向水温变化较大，平均温差为 3.3℃，温度梯度为 0.165℃/m，水下 20m 至库底平均温差仅 1.6℃。

图 8.7 和图 8.8 分别为水电站五月份发电期内库区及近坝区水温分布情况。计算结果表明，夏季发电期内库区水温分布规律与冬季发电期分布基本一致，库区水温分布受电站取水影响较小，且横向断面分布未见差异。夏季发电期内，电站取水对近坝区水温分布产生一定影响，但影响范围较冬季有所减小，这可能与夏季水温分层更明显有关。

随着外界气温的逐渐升高，太阳辐射的逐渐增强，表层水体得到的热量继续升高。六月份表层平均水温升至 20.2℃，并在水下 30m 形成温跃层，温跃层内垂向温差较五月份明显增大，平均温差达 11.7℃，水温梯度为 0.39℃/m。深层水体由于水的比热容大，受到太阳辐射较小，故水温变化幅度不大。

图 8.9 和图 8.10 分别为水电站六月份发电期内库区及近坝区水温分布情况。计算结果表明，六月份库区水温分布及变化规律和五月份类似。六月份受大气温度及太阳辐射等的影响，库表与库底温差明显，最大温差达 14.3℃，且高温水位于水下 30m 范围内。然而水电站取水高程为水下 37m 位置，因此夏季无法提取表层高温水，下泄水温较低。

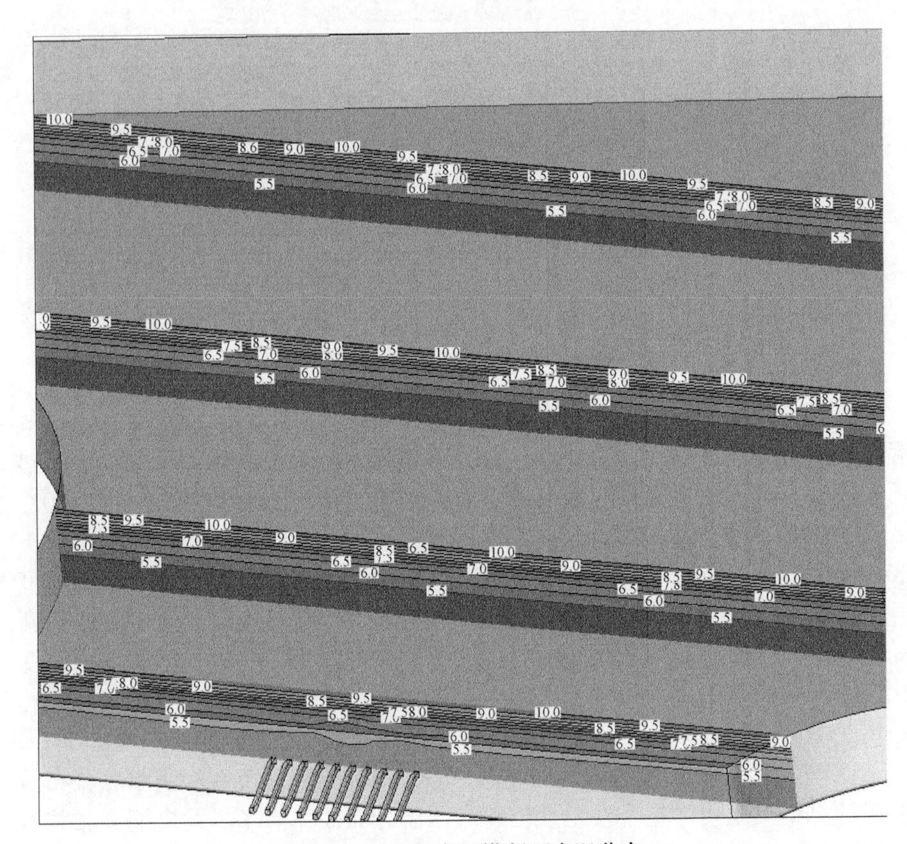

图 8.7　五月份库区横断面水温分布

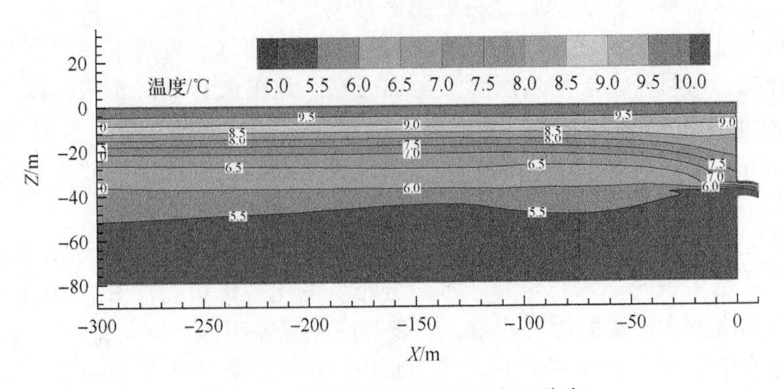

图 8.8　五月份近坝区纵剖面水温分布

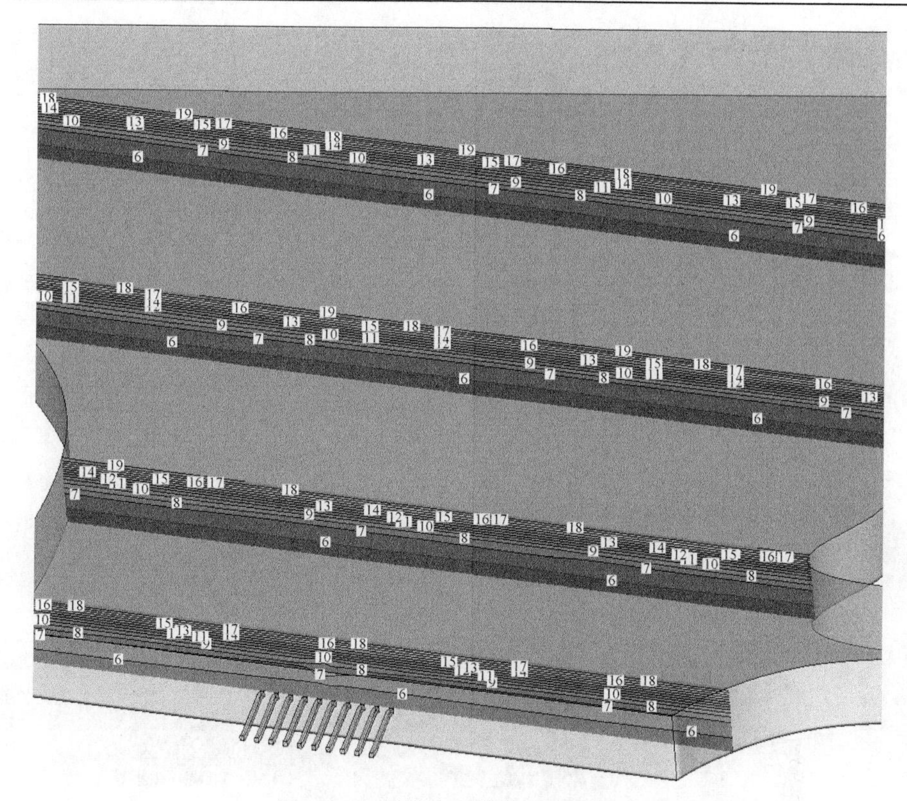

图 8.9　六月份库区横断面水温分布

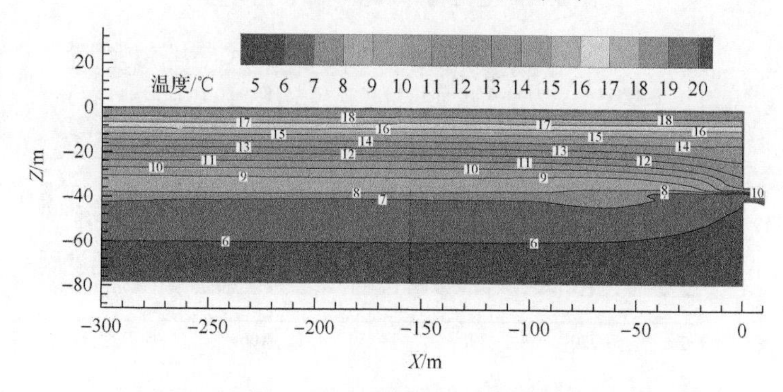

图 8.10　六月份近坝区纵剖面水温分布

七月份在外界气温及太阳辐射等作用下，库表温度达到最高，达 26.6℃，库区内垂向水体温差也达到最高值，为 19.3℃。库区在七月份水体温差同样主要集中在水下 30m，平均温差为 14.3℃，温度梯度高达 0.48℃/m。图 8.11 和图 8.12 分别为水电站七月份发电期内库区水温分布情况。

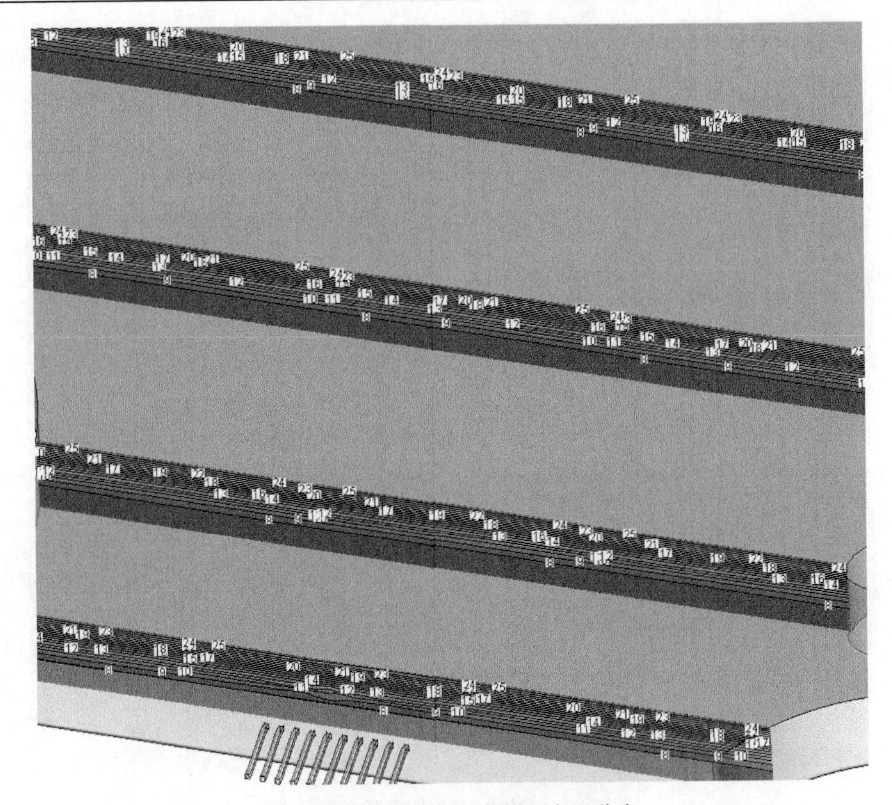

图 8.11　七月份库区横断面水温分布

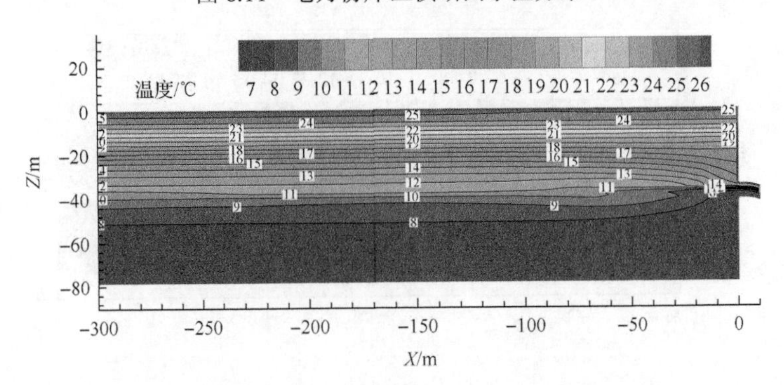

图 8.12　七月份近坝区纵剖面水温分布

八月份库区水体表面温度为 26.5℃，与七月份基本相同。但随着热传导、水体紊动等的持续影响，温跃层以下水体继续升温，从而导致八月份温跃层不再明显，与其他月份不同，八月份库区水温呈近似线性分布，温度梯度为 0.3℃/m。

图 8.13 和图 8.14 分别为水电站八月份发电期内库区及近坝区水温分布情况。计算结果表明，由于八月份库区水温梯度发生变化，温跃层以下平均水温升高，因此水电站下泄水温较七月份明显升高。

综上所述，本研究建立的三维水温—水动力数学模型能够很好地应用于水温分层型水库的模拟。

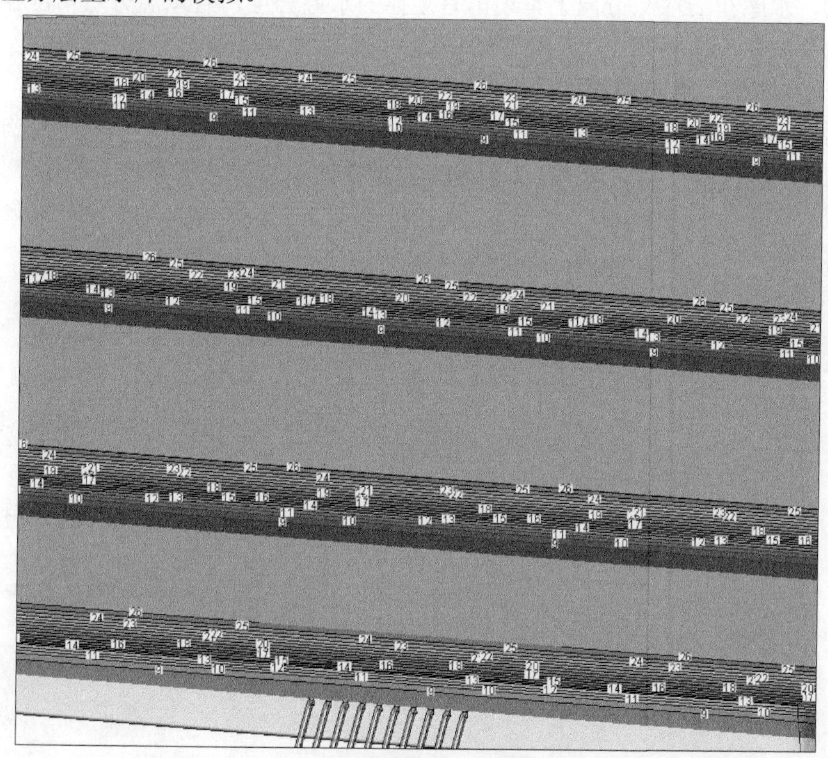

图 8.13　八月份库区横断面水温分布

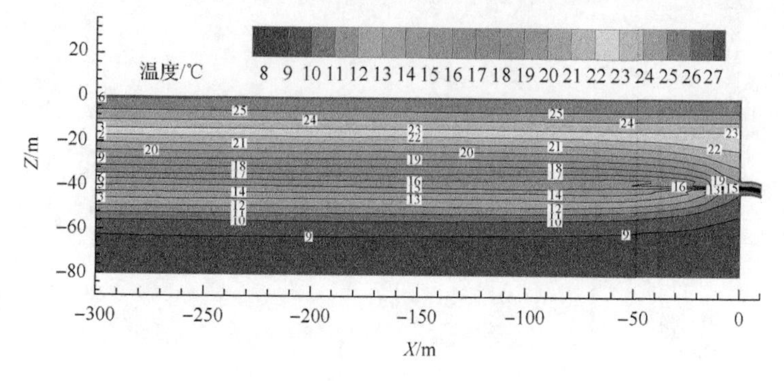

图 8.14　八月份近坝区纵剖面水温分布

8.3 本章小结

(1) 水库蓄水以后，受以年为周期的水温、入流水温、气象规律性变化的影响，水库在沿水深方向上呈现出有规律的水温分层，且水温分层情况在一年内周期性地循环变化。

(2) 以某一典型水温分层型水库为实例，通过建立三维水温计算模型，分别对不同工况下库区水温分布进行计算研究，分别给出了一月份、二月份、三月份、五月份、六月份、七月份和八月份库区及近坝区水温分布模拟结果，并进行详细分析，最终结果表明本研究建立的三维水温-水动力数学模型能够很好地应用于水温分层型水库的模拟。

参 考 文 献

白世录, 张力忠, 于荣海. 1997. 试论冰水力学模型的相似律. 泥沙研究, (3): 66-71.

白乙拉, 李冰, 冯景山. 2012. 以气温为边界条件的水库冰盖厚度的数值模拟研究. 辽宁师范大学学报: 自然科学版, 35(2): 164-167.

波达波夫 BM. 引水渠道式农村水电站的冰冻问题. 杜一民, 译. 北京: 水利电力出版社, 1959.

蔡琳, 卢杜田. 2002. 水库防凌调度数学模型的研制与开发. 水利学报, (6): 67-71.

陈明千. 2006. 西藏高寒地区引水渠道冰花生消规律研究. 成都: 四川大学硕士学位论文.

陈荣, 刘洪文, 张治山. 2005. 抽水融冰技术应用的经济效益和社会效益. 水电站机电技术, 28(4): 74-75.

陈武, 刘德仁, 董元宏, 等. 2012. 寒区封闭引水渡槽中水温变化预测分析. 农业工程学报, 28(4): 69-75.

邓朝彬. 1986. 香加电站引水渠冬季注水升温运行发电成功. 农田水利与小水电, (06): 47.

邓朝彬, 刘柏年. 1987. 香加水电站引水渠冬季注水升温运行发电实践经验介绍. 农田水利与小水电, (07): 43-45.

邓云. 2003. 大型深水库的水温预测研究. 成都: 四川大学博士学位论文,.

高国栋, 缪启龙, 王安宇, 等. 1996. 气候学教程. 北京: 气象出版社.

高霈生, 靳国厚. 2003 中国北方寒冷地区河冰灾害调查与分析. 中国水利水电科学研究院学报, 1(2): 159-164.

高霈生, 靳国厚, 吕斌秀. 2003. 南水北调中线工程输水冰清的初步分析. 水利学报, 34(11): 96-102.

郭新蕾, 杨开林, 付辉, 等. 2011. 南水北调中线工程冬季输水冰情的数值模拟. 水利学报, 42(11): 1268-1276.

侯杰, 周著, 惠遇甲. 1997. 新疆引水式水电站输排冰的试验研究. 水力发电, 12: 49-52, 65.

黄酒林, 宗全利, 刘贞姬, 等. 2014. 高寒区引水渠道抽水融冰原型试验及分析. 石河子大学学报: 自然科学版, 32(3): 392-396.

黄惠花. 2010. 冰害对洮河流域梯级电站冬季运行的影响. 水电站机电技术, 33(1): 56-58.

黄永坚. 1985. 水库取水方式与下游农业环境. 水利水电技术, (4): 42-51.

李长军, 王铁军. 1999. 山前水电站冬季运行的措施. 水力发电, (5): 54-55.

李克峰, 郝红升, 庄春义, 等. 2006. 利用气象因子估算天然河道水温的新公式. 四川大学学报: 工程科学版, 38(1): 1-4.

李清刚. 2007. 冰盖形成及厚度变化的数值模拟. 合肥: 合肥工业大学硕士学位论文.

刘东康. 1998. 寒冷地区引水式电站防冰措施. 西北水资源与水工程, (1): 48-52.

刘孟凯, 王长德, 冯晓波. 2011. 长距离控制渠系结冰期的水力响应分析. 农业工程学报, 27(2): 20-27.

刘新鹏, 陈荣, 张治山. 2008. 红山嘴电厂抽水融冰技术新探索. 中国水能及电气化, (4):29-36.

刘新鹏, 张治山, 陈荣. 2007. 梯级引水式水电站群提高发电生产能力的途径. 中国水能及电气化, (9): 38-43.

刘钰, Preira L S, Teixira J L, 等. 1997. 参照蒸发量的新定义及计算方法对比. 水利学报, (6): 27-33.

龙天渝, 蔡增基. 2004. 流体力学. 北京: 中国建筑工业出版社.

吕德生, 李敏, 张雪峰. 2004. 新疆引水式水电站冬季运行防治冰害的技术措施. 石河子大学学报, 22(3): 233-235.

茅泽育, 吴剑疆, 张磊, 等. 2003a. 天然河道冰塞演变发展的数值模拟. 水科学进展, 14(6):700-705.

茅泽育, 张磊, 王永填, 等. 2003b. 采用适体坐标变化方法数值模拟天然河道河冰过程. 冰川冻土, 25(2): 214-219.

茅泽育, 赵升伟, 相鹏, 等. 2005. 冰盖下水流流动的掺混特性. 水利学报, 26(3): 291-297.

茅泽育, 罗昇, 赵升伟, 等. 2006. 冰盖下水流垂线流速分布规律研究. 水科学进展, 17(2): 209-215.

茅泽育, 许昕, 王爱民, 等. 2008. 基于适体坐标变换的二维河冰模型. 水科学进展, 19(2): 214-223.

史杰. 2008. 冰盖流水流结构的试验研究. 石河子: 石河子大学硕士学位论文.

石磊. 2009. 基于 FLUENT 的冰塞数值模拟. 合肥: 合肥工业大学硕士学位论文.

铁汉. 1999. 寒冷地区水电站引水明渠冬季不结冰长度计算. 西北水电, (01): 23-24, 26.

铁汉, 朱瑞森. 1993. 论水电站防冰工程技术. 东北水利水电, (1):3-8.

王峰, 吴艳华, 马月俊, 等. 2009. 红山嘴梯级水电站抽水融冰技术应用与探讨. 河南水利与南水北调, (7): 111-112.

王军. 1997. 冰盖前缘处冰块稳定性分析研究. 人民黄河, (1): 9-12,28.

王军. 2007. 冰塞形成机理与冰盖下速度场和冰粒两相流模拟分析. 合肥: 合肥工业大学博士学位论文,.

王军, 陈胖胖, 江涛, 等. 2009. 冰盖下冰塞堆积的数值模拟. 水利学报, 40(3): 348-354.

王军, 聂杰. 2002. 河流冰期水位研究. 南京林业大学学报, 26(02): 69-72.

王军, 张潮, 倪晋, 等. 2008. 三维贴体坐标变换在河冰数值模拟中的应用. 水力发电学报, 27(3): 120-124.

王军, 伊明昆, 付辉, 等. 2006. 基于人工神经网络预测弯道段冰塞壅水. 冰川冻土, 28(5):782-786.

王军, 倪晋, 张潮. 2008b. 冰盖下冰花颗粒的随机运动模拟. 合肥工业大学学报, 31(2): 191-195.

王瑞庭. 1982. 西北严寒地区中小型引水式电站的防冰措施. 水力发电, (5): 54-57.

王文学, 丁楚建. 1991. 抽井水入发电渠道冬季运行试验及其计算. 农村水利与小水电, (12): 35-41,48.

王晓玲, 张自强, 李涛, 等. 2009. 引水流量对引水渠道中水内冰演变影响的数值模拟. 水利学报, 40(11): 1307-1312.

王晓玲, 周正印, 蒋志勇，等. 2010. 考虑气温变化影响的引水渠道水内冰演变数值模拟. 天津大学学报. 自然科学与工程技术版, 43(6): 515-522.

魏浪, 安瑞冬, 常理，等. 2016. 水库坝前水温结构日变化规律研究. 四川大学学报: 工程科学版, 48(4): 25-31.

吴剑疆, 茅泽育, 王爱民, 等. 2003. 河道中水内冰演变的数值计算. 清华大学学报: 自然科学版, 43(5): 702-705.

吴素杰, 宗全利, 郑铁刚, 等. 2016. 高寒区引水渠道抽水融冰水温变化过程模拟. 农业工程学报, 32(14): 89-96.

辛向文, 周孝德. 2010. 天然水温估值计算方法研究. 水资源与水工程学报, 21(2): 124-127.

杨芳. 1995. 青海小水电站冬季运行的可行性调查. 农田水利与小水电, (7): 39-41.

杨开林, 刘之平, 李桂芬, 等. 2002. 河道冰塞的模拟. 水利水电技术, 33(10): 40-47.

曾平, 段杰辉，黄柱崇, 等. 1997. 二维流冰消融数学模型. 水利学报, (5)：15-22.

张新华, 李冰冻, 魏文杰, 等. 2016.坝前区域 3 维水温数值模拟研究. 四川大学学报: 工程科学版, 48(2): 14-20.

张自强. 2010. 高寒地区引水渠道水内冰演变的数值模拟及应用. 天津: 天津大学硕士学位论文.

赵梦蕾, 刘贞姬, 宗全利. 2016. 引水渠道单井注水对不冻长度的影响. 中国农村水利水电, (4): 144-149.

赵明. 2011. 阿勒泰市拉斯特水电站工程引水渠道结冰盖设计. 新疆水利, (2): 39-41.

郑铁刚,孙双科,柳海涛,等. 2015. 大型分层型水库下泄水温对取水高程敏感性分析研究. 水利学报，46(6)：714-722,731.

梁春明. 2017.1.21. 黄河现大面积流凌，一朵朵莲花般的冰凌顺着河面向下游流动. http://jiangsu.china.com.cn/html/ 2017/kuaixun_0121/9067351.html.

朱芮芮, 刘昌明, 李兰, 等. 2008. 无定河流域下游段河冰形成演变的数学模型研究. 冰川冻土, 30(3): 520-526.

邹振华, 陆国宾, 李琼芳, 等. 2011.长江干流大型水利工程对下游水温变化影响研究. 水力发电学报, 30(5): 139-144.

Allen R G, Pereira L S, Raes D, et al. 1998. Crop evapotranspiration-Guidelines for computing crop requirements. Irrigation and Drainage Paper No.56, Food and Agriculture Organization of the United Nations, Rome, Italy.

Batchelor G K. 1980. Mass transfer from small particles suspended in turbulent fluid. Journal of Fluid Mechanics, 98: 609-623.

Beltaos S .2005.Field measurements and analysis of waves generated by ice-jam releases. Proceedings CD,13th Workshop on the Hydraulics of Ice Covered Rivers, Hanover.

Beltaos S, Prowse T D, Carter T. 2006.Ice regime of the lower Peace River and ice-jam flooding of the Peace-Athabasca Delta. Hydrological Processes, 20(19): 4009-4029.

Carson R, Groenevelt J, Healy D, et al. 2007.Tests of numerical models of ice jams—phase 3. Proceedings.14th Workshop on the Hydraulics of Ice Covered Rivers, Quebec City, Canada.

Carson R W, Andres D, Beltaos S, et al. 2001.Tests of river ice jam models: River ice processes with in a changing environment.Proceedings of the 11th River Ice Workshop, Edmonton.

Carson R W, Beltaos S, Healy D, et al.2003. Tests of river ice jam models-phase 2.Proceedings of the 12th Workshop on the Hydraulics of Ice Covered Rivers, Edmonton.

Chen F, ShenH T, Andres D, et al. 2005.Numerical simulation of surface and suspended freeze-up ice discharges.Impacts of Global Climate Change Proceedings of World Water and Environmental Resources Congress, Anchorage.

Dan H, Hicks F E. 2006. Experimental study of ice jam formation dynamics. Journal of Cold Regions Engineering, 20(4): 117-139.

Dan H, Hicks F E. 2007. Experimental study of ice jam thickening under dynamic flow conditions. Journal of Cold Regions Engineering, 21(3): 72-91.

Ettema R. 2001. Laboratory observations of ice jams in channel confluences. Journal of Cold Regions Engineering, 15(1): 34-58.

Fenco. 1949. Model study of the Bromptonville ice jam. Foundation Engineering Co. of Canada, Internal Report.

Hammar L, Shen H T. 1991.A mathematical model of frazil ice evolution and transport in channels. Proceedings of the 6th Workshop on the Hydraulics of River Ice, Ottawa, 201-216.

Healy D, Hicks F. 2000. Estimating stream flow During spring breakup. Mackenzie GEWEX Study (MAGS) Phase 1//Proceedings, 6th Scientific Workshop, 2000, 11: 178-183.

Healy D, Hicks F .2006. Experimental study of ice jam formation dynamics. Journal of Cold Regions Engineering, 20 (4) :117-139.

Healy D, Hicks F E. 2007. Experimental study of ice jam thickening under dynamic flow conditions. Journal of Cold Regions Engineering, 21 (3) : 72-91.

Hopkins M, Daly S F. 2003.Recent advances in discrete element modeling of river ice. Proceedings, 12th workshop on the Hydraulics of ice covered rivers, 307-317.

Hopkins M A, Tuthill A M. 2002. Ice boom simulation and experiments. Journal of Cold Regions Engineering, 16 (3) : 138-155.

Jasek M, Muste M, Ettema R. 2001. Estimation of Yukon river discharge during an ice jam near Dawson city. Canadian Journal of Civil Engineering, 28 (5) : 856-864.

Lars Hammar, Shen H T. 1991. A mathematical model of frazil ice evolution and transport in channels.Proceedings of the 6th Workshop on the Hydraulics of River Ice.Ottawa.

Liu L, Li H, Shen H T. 2006. A two-dimensional comprehensive river ice model.Proceedings of the 18th IAHR Symposium on River Ice, Sapporo.

Moriasi D N, Arnold J G, Liew M W V, et al. 2007.Model evaluation guidelines for systematic quantification of accuracy in watershed simulations. Transactions of the ASABE (American Society of Agricultural and Biological Engineers) , 50 (3) : 885-900.

Saadé R G, Sarraf S.1996. Phreatic water surface profiles along ice jams-An experimental study. Hydrology Research, 27 (3) : 185-201.

She Y, Hicks F. 2006. Modeling ice jam release waves with consideration for ice effects. Cold Regions Science and Technology, 45 (3) : 137-147.

Shen H T, Lu S. 1996. Dynamics of river ice jam release.Proceedings of Cold Regions Engineering: The Cold Regions Infrastructure—An International Imperative for the 21st Century, New York.

Shen H T, Sun J, Liu L. 2000. SPH simulation of river ice dynamics. Journal of Computational Physics, 165 (2) : 752-770.

Shen H T, Liu L. 2003. Shokotsu River ice jam formation. Cold Regions Science and Technology, 37 (1) : 35-49.

Urroz G E, Ettema R. 1992. Bend ice jams: Laboratory observations. Canadian Journal of Civil Engineering, 19 (5) : 855-864.

Urroz G E, Ettema R. 1994. Small-scale experiments on ice-jam initiation in a curved channel. Canadian Journal of Civil Engineering, 21 (5) : 719-727.

Wang S M, Doering J C. 2005.Numerical simulation of super cooling process and frazil ice evolution. Journal of Hydraulic Engineering, 131 (10) : 889-897.

Zufelt J E, Ettema R. 2000.Fully coupled model of ice-jam dynamics. Journal of Cold Regions Engineering, 14 (1) : 24-41.